DELIUS KLASING

PRAXISWISSEN

JENS FEDDERN

REFIT LEICHT GEMACHT

BOOTE ERFOLGREICH SELBST RENOVIEREN

Delius Klasing Verlag

Inhalt

Prolog

Der Autor an Bord seiner *Hurley*.

Wassersport ist ein faszinierendes Hobby. Es gibt unendliche Möglichkeiten, diverse Boote in sämtlichen Revieren zu chartern, mit dem Vorteil, dass man nur segeln oder reisen darf und mit dem sonstigen Betrieb und Unterhalt nichts zu tun hat. Wer sich trotzdem ein eigenes Boot zulegt, verfolgt in der Regel keinen ausgeklügelten Businessplan, in dem die getätigten Investitionen eine möglichst große Rendite abwerfen. Hier ist der Weg das Ziel und insbesondere die erforderlichen Wartungsarbeiten sowie diverse Aus- und Umbauten werden nicht als Belastung, sondern als Bereicherung gesehen. Selbst wenn man es könnte, ein Neubau oder neuwertiges Boot kommt gar nicht in Frage, da man dort zu wenig selbst machen kann. Der Gebrauchtbootmarkt ist voll von geeigneten Objekten, die entdeckt und ins 21. Jahrhundert transformiert werden möchten.

So ist es auch mir ergangen, als mir durch Zufall eine knapp 40 Jahre alte *Hurley 700* angeboten wurde, ein solider GFK-Langkieler, der für die britischen Küstengewässer gebaut wurde. Bei der ersten Besichtigung stand die Hurley noch im Winterlager, mit einer großen Plane abgedeckt. Der Vorbesitzer konnte sich aus gesundheitlichen Gründen kaum noch um sein Schiff kümmern, dementsprechend war der Zustand.

Der Rumpf machte einen soliden Eindruck. Er war ewig nicht poliert worden, doch es waren am Unterwasserschiff keine nennenswerten Stellen

mit Verdacht auf Osmosebefall offensichtlich.
Die umlaufende Scheuerleiste aus Holz sah wie ein Sanierungsfall aus und das Oberdeck lechzte nach ein paar pflegenden Händen. Das stehende Gut, bestehend aus Wanten und Stagen, sowie das laufende Gut, bestehend aus Schoten und Fallen, stammten anscheinend aus der Erstausrüstung. Unter Deck brauchte man einiges an Vorstellungskraft, um sich an der soliden Basis zu erfreuen und die optischen Störungen auszublenden. Warum sollte ich mir Sorgen um die Wand- und Deckenverkleidung aus braunem Teppich machen, wobei nicht sicher war, ob Braun die Originalfarbe oder die Farbe der Schimmelpilze war? Wen stören schon hellbraune Kunstlederpolster, wenn sie sowieso schon gerissen sind? Und die rosa Gardinen werden sich bestimmt super in der Putzlappenkiste machen. An der Elektrik gab es praktisch nichts zu meckern, da sie nicht vorhanden war. Für viele mag das der ultimative Kick zur Selbstfindung fern ab von irgendwelchen elektrischen Feldern sein, für einen passionierten Bordelektriker jedoch ein wildes Land, das es elektrisch zu missionieren galt. Das Highlight war der Außenborder (ein 6 PS *Mercury*-Viertakter), denn der war erst knapp zwei Jahre alt. Die Basis war solide und geräumig, sodass sich mit etwas Geschick ein maritimes Schmuckstück daraus machen lässt.

Die größte Motivation in diesem Projekt bestand im Selbermachen. Kaufen kann jeder! Selbst Hand anzulegen, mit unterschiedlichsten Materialien Erfahrungen zu sammeln und diverse *YouTube*-Tutorials in die Praxis umzusetzen, haben mir besonders viel Spaß und Zufriedenheit bereitet, auch wenn man die ein oder andere Tätigkeiten mehrfach ausprobieren durfte. Dieses nennt man, glaube ich, Lernkurve.

Ich möchte Sie mit diesem Buch mitnehmen auf eine Reise durch die unterschiedlichsten Gewerke an Bord und vielleicht finden Sie die ein oder andere Anregung, um selbst Hand anzulegen. Auch wenn es sich bei meiner *Hurley 700* um ein Segelschiff handelt, so sind viele Themen gleichwertig auf Motorboote übertragbar. Die bescheidene Länge von nur sieben Metern bedeutet nicht, dass man an Bord nicht fast alle Annehmlichkeiten einer Fahrtenyacht unterbringen kann. Nur der Wasserpass muss dann nach und nach ein wenig nach oben versetzt werden. Ziel dieser Reise ist es, viel Praxiserfahrung mit wenig Theorie zu teilen. Ich zeige einen möglichen Weg auf, und es gibt mit Sicherheit noch viele andere und vielleicht sogar bessere.

Ich wünsche Ihnen viel Spaß beim Lesen und noch mehr Befriedigung und Erfolg bei der praktischen Umsetzung an Bord.

Jens Feddern

compass
compact II
MANUAL ONLY

1 Willkommen an Bord

1.1 *Hurley 700* - eine Übersicht

Wer kennt sie nicht, die *Hurley 700*? Die älteren *YACHT* Leserinnen und Leser werden sich möglicherweise erinnern, dass in der Ausgabe 18/1968 über einen ausführlichen Test dieses Bootstyps berichtet wurde.

Die *Hurley 700* ist eine Variante der *Hurley 22*. Sie ist ein Langkieler, 6,7 x 2,2 Meter groß und bringt circa 1,9 Tonnen auf die Waage. Hiervon nimmt der Ballastkiel mehr als eine Tonne ein.

Die *Hurley 22* wurde ursprünglich auf der britischen Werft *Hurley Marine* gebaut und war ihrerzeit mit mehr als 1.200 Exemplaren das erfolgreichste Modell dieser Werft. Ihr Konstrukteur war Ian L. Anderson, der von 1998 bis zu seinem Tod im Jahr 2013 Präsident der *Hurley Owners Association* in England war. Er konstruierte das GFK-Boot mit einem Breiten-Längen-Verhältnis von 1:3 für die rauen Küstengewässer in und um Großbritannien.

Diese leichtere *Hurley 700*, die in den achtziger Jahren in Holland von *Jachtbouw Twente* unter Lizenz gebaut wurde, hat eine Yardstickzahl von

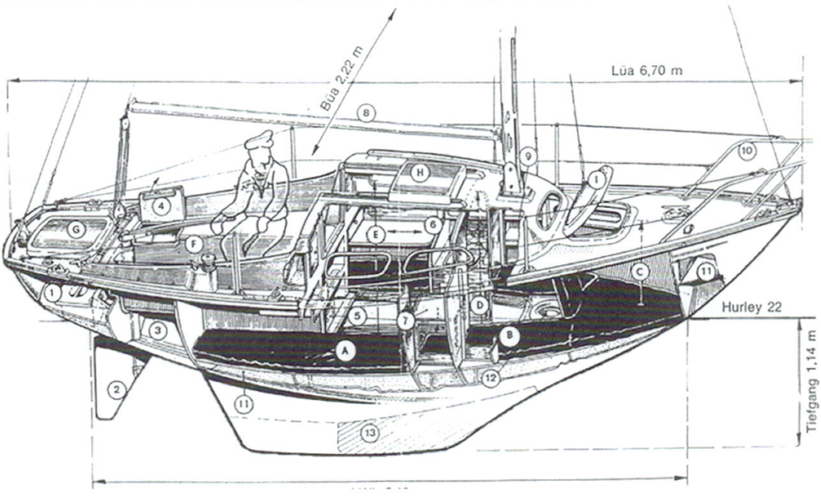

- A Hundekoje 1,80 x 0,70 x 0,35 m
- B Vorschiffskoje 1,80 x 0,55 x 0,2 m (mit Mittelstück)
- C Höhe über den Kojen im Vorschiff 0,65 m
- D Höhe im Mastbereich 1,50 m
- E Höhe unter Schiebeluk 1,55 m
- F Selbstlenzende Plicht 1,40 x 1,60 m
- G Motorraum-Luk 0,6' x 0,70 m
- H Schiebeluk 0,75 x 0,65 m
- I Vorluk 0,45 x 0,6 m
- 1 Motorraum mit Schacht und Verschlußdeckel
- 2 Ruder
- 3 Backskisten
- 4 Luk auf Backskisten
- 5 Stauraum unter Cockpit
- 6 Kartentisch
- 7 Klapptisch
- 8 Aluminium-Baum
- 9 Schrank BB und STB
- 10 Nirosta-Bugkorb
- 11 Stauraum mit Wassertank darunter
- 12 Pump-WC
- 13 Ballast

Länge über alles	6,70 m
Länge Wasserlinie	5,18 m
Breite über alles	2,22 m
Tiefgang	1,14 m
Verdrängung	1,76 m
Ballast	1,00 t
Großsegel	10,97 m²
Fock	11,35 m²
Genua	13,02 m²
Spinnacker	31,25 m²
Sturm-Fock	3,62 m²
Höhe unter Deck	1,55 m
Preis ab Werft	14.150,- DM
Bauwerft	Hurley Marine Plymton / England
Konstrukteur	Ian Anderson

Hurley 22 als Vorgänger der *Hurley 700* in der YACHT 18/1968. [Delius Klasing]

116 im Gegensatz zur *Hurley 22*, die nur auf 127 kommt. Aus diesem Wurf kommt auch meine *Hurley* mit der Baunummer 1145.
Im *YACHT*-Test von 1968 hatte der Bootstyp einen recht guten Eindruck hinterlassen. Im Fazit des Testberichtes heißt es:

»Die Hurley 22 ist ein gutes Boot für Segler, die einen kleinen, wartungsarmen Küstenkreuzer suchen, der in der Lage ist, eine steife Brise zu vertragen. Sie segelt gut, könnte aber durch Änderungen am Rigg und einen moderneren Rumpf verbessert werden. Das Design ist sehr solide und sollte eine lange Lebensdauer garantieren. Der Raum unter Deck ist begrenzt, bietet aber genügend Stauraum und eine geräumige Kombüse. Alles in allem sie ist ein seetüchtiges Schiff, in dem eine vierköpfige Familie eine längere Urlaubsreise machen könnte. Der Preis ist angemessen im Hinblick auf das solide Design.«

Es gibt nachweislich mehr als acht erfolgreiche Atlantiküberquerungen der *Hurley 22 / Hurley 700* sowie eine im Pazifik, und das mit einem knapp sieben Meter langen Boot. Über eine Reise ist im *Delius Klasing Verlag* sogar ein Reisebericht mit dem Titel: *Per Anhalter über den Atlantik* erschienen.
Dies sollte nicht unbedingt ein Vorbild für mich sein, aber ihre Seetüchtigkeit kann die *Hurley 700* kaum verbergen. Eine hohe, umlaufende Reling ermöglicht einen sicheren Gang aufs Vorschiff. Das relativ geräumige Cockpit ist selbstlenzend und der Eingang zur Kajüte durch ein hohes Süll geschützt. Als Flautenschieber dient ein Außenborder, der in einem Schacht am Achterdeck geschützt installiert ist. Diverse Backskisten bieten reichlich Stauraum für Fender, Leinen und andere Utensilien. Der über acht Meter lange Aluminium-Mast ist auf der Kajüte aufgesetzt, sodass er unter Deck nicht stören kann. Er ist klappbar und sehr solide durch diverse Wanten und Stagen aus Edelstahl abgestützt. Der hohe Ballastanteil des Langkielers führt dazu, dass er auch bei reichlich Wind eine Krängung von mehr als 35° kaum überschreiten kann. In der *YACHT* wurde damals angemerkt, dass die *Hurley 22* eines der steifsten Boote ist, das sie bis dahin getestet hatten.

Die Segelführung ist sehr bequem, da sich der Traveller vom Großsegel hinter der Ruderpinne befindet und somit im Cockpit nicht im Weg ist. Das Vorsegel kann über Winschen an Backbord und Steuerbord aus dem Cockpit bedient werden und verfügt über eine einfache, aber wirkungsvolle Rollreff-Einrichtung. Das Ruder ist etwas gewöhnungsbedürftig, da es sich vor dem Außenborder befindet. Unter Motor benötigt der Dampfer also erst einmal eine Schiffslänge, damit durch die Anströmung Ruderwirkung erzielt werden kann. Der

Mit einem Gewicht von 2,4 Tonnen kann meine *Hurley* noch getrailert werden.

erhoffte positive Effekt bei Fahrt achteraus tritt jedoch nur gelegentlich auf. Die *Hurley* ist mit Sicherheit keine Rennyacht. Ihre Höchstgeschwindigkeit wurde damals mit 5,9 Knoten ermittelt, was ich aus eigenen Erfahrungen bestätigen kann. Bei wenig Wind wird sie locker an Backbord und Steuerbord von moderneren Booten überholt, denn ihre Stärken kommen erst bei auffrischendem Wind oder einer steifen Brise zum Tragen: wenn andere schon lange reffen oder besser gleich die Segel streichen, fühlt sich die *Hurley* erst richtig wohl.

Unter Deck bietet das Schiff erstaunlich viel Platz, auch wenn ich nicht auf die Idee kommen würde, mit einer vierköpfigen Familie damit auf eine mehrtägige Tour zu gehen. Zu zweit kann man gut übernachten und hat noch genügend Stauraum für Gepäck und Proviant. Bei mehr Personen an Bord sollte man sich auf Tagestouren beschränken.

Die Prognose der *YACHT* hat sich bestätigt, denn auch nach 40 Jahren Gebrauch auf den Schweizer Seen, ist der Rumpf nach wie vor solide und die Substanz bildet eine gute Ausgangsbasis für ein umfassendes Refit. Je nach Zustand und Alter des Schiffes, sind schon etwas Fantasie und Vorstellungsvermögen gefragt, um nach dem ersten Eindruck nicht nur den Berg an Arbeit zu sehen, der auf einen zukommt, sondern das Potenzial zu erkennen, was man alles daraus machen kann. So ging es auch mir.

Die *Hurley* nicht auf dem Atlantik, dafür auf dem Bodensee.

Zwei Bügel aus Alurohr bilden das Gerüst für die Winterpersenning.

1.2 Eine provisorische Bootswerft

Um witterungsunabhängig an Bord arbeiten zu können, musste ich mir etwas einfallen lassen, da mein Winterliegeplatz ein Außenplatz ist. Daher habe ich eine Überdachung gebaut und dafür Elektro-Installationsrohre aus Aluminium verwendet, die sich mit einer Biegefeder aus dem Heizungsbau einfach an die Gegebenheiten an Bord anpassen ließen. Für diese Rohre gibt es 90°-Bögen, die den Abschluss nach oben gebildet haben. Mit diesem Material habe ich circa zwei Meter hohe Bügel konstruiert, die mit Kabelbindern an den Relingsstützen befestigt wurden. Vom Bug über die Bügel bis zum Heck wurde eine Leine gespannt, an der zwei LED-Feuchtraumleuchten aus dem Baumarkt befestigt wurden. Die gesamte Konstruktion wurde zum Abschluss mit einer robusten Persenning überzogen, die an den Streben des Auflagegestells verspannt wurde. Die Persenning hat ein Materialgewicht von 300 g/m^2 und soll extrem reißfest, wasserdicht, frostbeständig und UV-stabilisiert sein. So habe ich im Winterlager unter der Plane Stehhöhe, um geschützt an und unter Deck arbeiten zu können.

Da die Rohre nur gesteckt sind, lassen sie sich nach dem Winterlager einfach auseinandernehmen und verstauen. Um die Persenning, die immerhin 8 x 10 Meter groß ist, im nächsten Winterlager mühelos über das Schiff zu legen, haben wir uns eine spezielle Taktik beim Zusammenlegen einfallen lassen. Zuerst werden die Längsseiten jeweils zur Mitte zusammengelegt, bis die gewünschte Breite erreicht ist. Anschließend erfolgt das Gleiche mit den Querseiten, die ebenfalls jeweils zur Mitte zusammengelegt werden. Kleine Steine werden penibel weggefegt, damit sie keine Löcher in die Plane drücken. Zum Abschluss wird alles als Postpaket verschnürt.
Im nächsten Winterlager wird die Persenning an Deck geholt und in etwa Mittschiffs nach beiden Seiten ausgebreitet. Von dort kann sie einfach nach vorn und achtern ausgezogen werden. Somit ist der Dampfer in wenigen Minuten eingepackt

80m^2 Persenning wollen so verstaut werden, dass sie im nächsten Winterlager einfach über das Schiff geworfen werden können.

2 Der Rumpf

Die *Hurley* ist dafür bekannt, dass der Rumpf eine extrem dicke Laminatstärke hat. Es gibt Stimmen, die sagen, dass man heute daraus mehrere Boote bauen könnte. Somit ist das Boot sehr stabil, was zu seiner Seetüchtigkeit beiträgt.

2.1 Das Unterwasserschiff

Meine *Hurley 700* ist ein klassischer Langkieler. Dieses macht sich dadurch bemerkbar, dass sich der Ballastkiel praktisch über die gesamte Länge des Unterwasserschiffs vom Bug bis zum Heck erstreckt. Durch diese Konstruktion können diese Schiffe weniger Höhe am Wind laufen und sind meist langsamer als vergleichbare Kurzkieler.

Frisch ausgepackt: hier steht einiges an Arbeit an.

2.1.1 Osmose – eine schwer zu erkennende Krankheit

Das verwendete Baumaterial meiner *Hurley* ist GFK (Glasfaserkunststoff). Auch wenn dieses Material langlebig und pflegeleicht ist, so gibt es besonders im Unterwasserbereich bei jedem Kunststoffschiff die Gefahr der Osmose. Ein GFK-Laminat besteht aus Glasfasern, die durch Laminierharz miteinander verbunden sind. Das früher verwendete Polyesterharz ist wasserempfindlich, sodass das sogenannte Gelcoat als äußere, wasserundurchlässige Schutzschicht aufgetragen wurde. Diese ist jedoch nicht wasserdampfdicht, sodass jeder Rumpf im Laufe der Wasserliegezeit Feuchtigkeit aufnimmt. Minderwertiges Harz kann sich unter der Feuchtigkeitsbelastung auflösen und als Zersetzungsprodukt in Hohlräumen zwischen Gelcoat und Laminat eine Säure bilden. Als Osmose wird vereinfacht der Prozess bezeichnet, bei dem die Säure Wasser von außen ansaugt, sodass das Gelcoat in Form von Blasen nach außen gedrückt wird. Ein Osmoseschaden kann massive Auswirkungen auf die strukturelle Festigkeit des Rumpfes haben. Ein Experte erklärte mir, dass Feuchtigkeitsmessungen des Rumpfs für die Osmose-Erkennung ungeeignet seien. Erst durch die Blasenbildung des Gelcoats kann Osmose zuverlässig erkannt werden.

Eine Internetrecherche hat ergeben, dass auch ältere *Hurleys* nicht häufig durch Osmosebefall auffallen, sodass zum Glück keine systematischen Baumängel bekannt sind, die erst ab einem gewissen Alter auftreten. Ob dies auch für mein Schiff zutraf, musste sich erst noch zeigen. Das Unterwasserschiff war durch zahlreiche Schichten Primer und Antifouling verdeckt und somit unerreichbar für eine gründliche Begutachtung. Daher galt es zuerst, diese alten Farbschichten restlos zu entfernen. Als Glück hatte sich herausgestellt, dass das Gelcoat vor dem Auftragen des Unterwasseranstrichs nicht geschliffen wurde. Das Grobe des alten Anstrichs wurde mit einem Spachtel gelöst und der Rest mit einem Berg Putzlappen und einem Fünf-Liter-Kanister Nitroverdünnung in mühevoller Handarbeit abtragen. Unter dem Boot wurde eine Plane ausgelegt, um den gesammelten Altanstrich korrekt entsorgen zu können.

Nun konnte das Unterwasserschiff genauer begutachtet werden und es zeigten sich flächendeckend kleine Erhebungen. Es waren keine Blasen und beim Versuch, eine Erhebung zu öffnen, ist keine Säure ausgetreten. Das ist grundsätzlich ein gutes Zeichen. Es ist jedoch zu beachten, dass diese Untersuchung erst nach mehreren Monaten Winterlager durchgeführt wurde. Daher hatte der Rumpf genügend Zeit, vollständig durchzutrocknen. Im Anschluss wurde das gesamte Unterwasserschiff mit einem Excenterschleifer und 120er Schleifpapier glattgeschliffen, bis alle kleinen Erhebungen verschwunden waren. Nirgendwo konnte ein Hohlraum mit Säurebildung entdeckt werden und unter den Blasen war das glatte, intakte Gelcoat sichtbar. Nach Rücksprache mit meinem Experten besteht die Wahrscheinlichkeit, dass es sich um eine Ablösung der Farbbeschichtung vom Gelcoat handelte und nicht um Osmose. Ohne weitere Untersuchungen lässt sich dies jedoch nicht abschließend beurteilen.

Die alte Rumpfbeschichtung musste vollständig entfernt werden. Anschließend wurde der Rumpf gründlich geschliffen.

2.1.2 Spannungsrisse an kritischen Stellen

Durch die gründliche Reinigung des Unterwasserschiffs bis auf das Originalgelcoat, konnte der Rumpf auf weitere mechanische Beschädigungen untersucht werden. Zu den besonders kritischen Bereichen zählen die Auflageflächen der Lagerböcke, die an den Rumpf drücken sowie die Ruder- und Kielkonstruktion. Die letzten beiden waren ohne Beanstandung, doch die Auflageflächen achtern an der Steuerbord- und an der Backbordseite zeigten Beschädigungen, die behandelt werden mussten. Zusätzlich wurde eine Beschädigung am Vorschiff sichtbar, wo der Rumpf anscheinend ein wenig eingedrückt und an die Kante des festeingebauten Wassertanks gestoßen war. Auch dort hatte sich ein Riss im Laminat gebildet. Diese Stellen mussten saniert werden.

Zur Auswahl standen Polyester- und Epoxidharz-Systeme. Auch wenn der Rumpf ursprünglich aus Polyesterharz gebaut wurde, habe ich für die Sanierung Epoxidharz verwendet. Polyester hat den Vorteil, dass es leicht zu mischen und preisgünstig ist. Die Liste der Nachteile ist deutlich länger: das enthaltene Lösungsmittel Styrol sorgt für erheblichen Gestank und ist daher für den Innenbereich schlecht bis gar nicht verwendbar. Polyester ist nicht wasserdicht, muss also mit einer Schicht aus Gelcoat versehen werden. Diese Nachteile hat Epoxidharz nicht: es ist praktisch geruchlos und die Verbindung ist nach dem Aushärten wasserdicht. Es darf nicht mit Gelcoat versiegelt werden, da sonst ggf. das Laminat nicht vollständig aushärten kann. Als Nachteile kann man bei Epoxid anführen, dass das richtige Mischverhältnis zwischen Harz und Härter penibel eingehalten werden muss, dass es etwas teurer ist und dass die chemische Reaktion erhebliche Wärme (bis zur Selbstentzündung) erzeugen kann. Dieser Effekt ist mir jedoch nur bei einem Produkt aufgefallen. Epoxid hält sehr gut auf unterschiedlichen Untergründen und auf Polyester sogar besser als Polyesterharz selbst. Bei der Auswahl des passenden Epoxid-Systems stehen viele Alternativen zur Verfügung. Für mich war entscheidend, dass das System bei möglichst geringen Temperaturen verwendet werden konnte und dass es sich im Bootsbau bewährt hatte. Ich habe mich für das West-System entschieden, das die zuvor genannten Anforderungen erfüllt und für die korrekte Dosierung von Harz und Härter über passende Pumpaufsätze verfügt.

Beschädigung des Rumpfs durch die Auflagestütze.

Laminat setzt sich aus Glasfasergewebe und dem angerührten Harz zusammen. Hierbei ist zu beachten, dass Glasfasermatten für Epoxid nicht verwendet werden können. Diese sind nämlich auf das erwähnte Lösungsmittel Styrol angewiesen, das zum Glück im Epoxidharz nicht enthalten ist. Wie ich von Fachleuten lernen durfte, ist das Glasfasergewebe viel besser geeignet, um die auftretenden Kräfte gleichmäßig zu verteilen. Bei den unterschiedlichen Gewebearten liegen die Fasern entweder parallel nur in eine Richtung (Gelege), oder sie sind in einem Winkel zwischen 45° und 90° gegeneinander verwebt (Gewebe). Die Richtung der Fasern bestimmt die Stabilität in Belastungsrichtung. Ich habe mir aus einem 45° Gewebe diverse Rechtecke ausgeschnitten.

Reparatur der betroffenen Stelle mit Glasfasergewebe und Epoxidharz. Nach jeweils drei Lagen wurde Abrissgewebe zum Aushärten aufgetragen.

An den betroffenen Stellen wurde das Gelcoat großflächig abgeschliffen, um das Laminat freizulegen. Die Risse im Laminat wurden ausgeschliffen. Anschließend wurden die Flächen gründlich mit Aceton gesäubert und mit Epoxidharz bestrichen. Die vorbereiteten Geweberechtecke wurden eingedrückt und mit Harz kräftig getränkt, bis das Gewebe praktisch durchsichtig war. Nachdem drei Schichten aufgetragen waren, wurden diese mit Abrissgewebe versehen und durften aushärten. Nach dem Aushärten ist die Oberfläche des Epoxidharzes sehr glatt, muss also vor jedem weiteren Bearbeitungsschritt gründlich angeschliffen werden. Um diesen Arbeitsschritt zu umgehen, bietet sich das erwähnte Abrissgewebe an, das - wie der Name sagt - nach dem Aushärten mit einem Ruck abgerissen wird. Die Oberfläche hat nun eine grobe Wabenstruktur und kann direkt mit der nächsten Schicht Laminat versehen werden. Das Programm wurde jeweils 2-mal wiederholt, sodass am Ende neun Lagen Gewebe auf den beschädigten Stellen aufgetragen waren. Zum Abschluss wurden die Stellen großflächig mit Epoxid-Spachtel überzogen und geschliffen. Dieser Prozess wiederholte sich einige Male, bis am Rumpf wieder eine harmonische Oberfläche entstanden war.

An der Steuerbordseite war der Rumpf sichtbar eingedrückt und ich machte mir ernsthafte Gedanken um seine Stabilität, zumal auch in Zukunft die Auflagefläche im Winterlager wieder an dieser Stelle ansetzen wird. Daher wollte ich diesen zusätzlich von innen verstärken. Der Bereich unter der Hundekoje war natürlich nicht zugänglich, sodass

dort mit der Stichsäge erst einmal eine Öffnung geschaffen werden musste. Diese konnte hinterher mit einer kleinen Sperrholzplatte verschlossen werden. Für die nun freigelegte Innenseite des Rumpfs wurden Schablonen aus Pappe erstellt, um das Maß auf Sperrholzprofile zu übertragen. Nachdem diese angepasst waren, wurden sie von innen mit Epoxidharz eingeklebt und mit mehreren Lagen Gewebe überlaminiert.

2.1.3 Grundierung

Als Osmoseschutz wurde das Unterwasserschiff mit Zwei-Komponenten-Epoxid-Grundierung beschichtet. Als Osmose-Profilaxe hat mir mein Liefe-

Zur Versteifung von innen musste die Hundekoje aufgeschnitten werden. Dort wurden angepasste Holzleisten zur Versteifung mit einlaminiert.

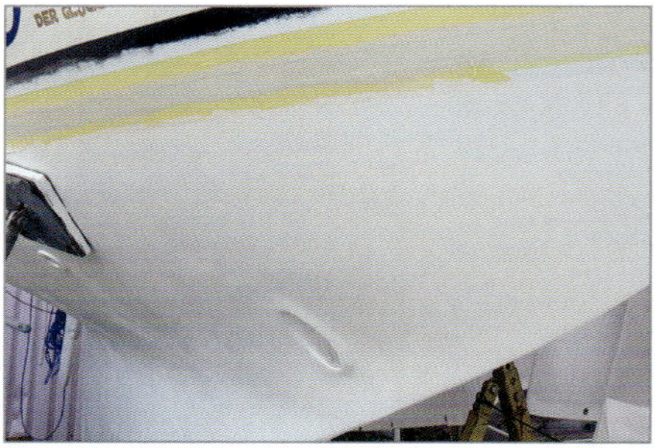

Der Rumpf wurde als Osmose-Profilaxe 5-mal mit Epoxid-Primer grundiert.

rant empfohlen, den Rumpf 5-mal damit zu überrollen. Es gibt Farbsysteme, die diese Grundierung in unterschiedlichen Farben anbieten. Das hat den Vorteil, dass man bei jedem Anstrich besser sehen kann, wo man schon gemalt hat und wo noch nicht.

Osmoseblasen soll man am besten direkt nach dem Auskranen erkennen können. Nach zwei Jahren in Folge konnte ich keinerlei Blasenbildung am Rumpf entdecken und die zuvor abgeschliffenen Erhebungen sind bisher nicht wieder aufgetreten.

2.1.4 Bewuchsschutz im Unterwasserbereich

Wir sind nicht die Einzigen, die mit unseren Booten Spaß auf und im Wasser haben. Diverse Wasserorganismen finden das Unterwasserschiff so sympathisch, dass sie auf der Oberfläche ihre neue Heimat suchen. Wasserorganismen wie Seepocken, Algen oder Muscheln setzen sich mit Begeisterung dort fest. Dadurch wird das Boot immer schwerer, der Widerstand größer und die Fahrgeschwindigkeit reduziert. Das ist nicht nur eine Erscheinung im Salzwasser, sondern auch im Süßwasser mit Trinkwasserqualität. So entern am Zürichsee in kürzester Zeit besonders Muscheln meinen Rumpf. Daher benötigt jedes Wasserfahrzeug, das sich länger als ein paar Tage im Wasser befindet, entweder ein Antifouling im Unterwasserbereich oder es muss dort alle paar Tage gereinigt werden.

Es gibt diverse Antifouling-Systeme, die je nach Revier ihre Vor- und Nachteile haben. Am besten schaut man sich die anderen Boote an, um herauszufinden, welches Antifouling am meisten verwendet wird. Alternativ spricht man mit einer lokalen Werft oder einem Bootszubehörhändler. Des Weiteren müssen die örtlichen Vorschriften beachtet werden, die den Einsatz von diversen Antifoulings verbieten können. In meinem Revier wird vermehrt das sogenannte Dünnschicht-Antifouling verwendet, das durch eine sehr glatte Oberfläche den Organismen das Entern am Unterwasserschiff erschwert. Durch das enthaltene Kupfer darf es auf Aluminium, wie z. B. dem Antrieb, nicht verwendet werden.

In der Praxis hat sich das Dünnschicht-Antifouling an meinem Schiff gut bewährt. Die Stellen am Unterwasser-

Als Bewuchsschutz kommt Dünnschicht-Antifouling zum Einsatz.

schiff, die nicht mit dem Antifouling beschichtet waren wie z. B. der Außenborder, waren nach wenigen Wochen bereits komplett mit Muscheln überwuchert. Dem gegenüber hatten die Antifouling-Flächen nur einen leichten Film, der sich einfach mit einem Schwamm entfernen ließ. In jedem Frühjahr steht eine Auffrischung des Antifoulings an. Der Vorteil des Dünnschicht-Systems ist, dass die neue Lage ohne Anschleifen übergerollt werden kann.

2.2 Das Überwasserschiff

Der Rumpf konnte mit einer Poliermaschine und Lackreiniger wieder auf Hochglanz poliert werden. Die Zierstreifen am Wasserpass und an der Oberkante waren jedoch reichlich blass und zerkratzt. Daher mussten diese Stellen erst einmal gespachtelt und geschliffen werden, bis wieder eine glatte Oberfläche zum Vorschein kam. Im Anschluss mussten die Zierstreifen neu lackiert werden. Dies wollte ich vor Ort machen und da auf dem Werftgelände weitere Boote in unmittelbarer Nähe aufgebockt waren, konnte ich Spritzen als Farbauftrag ausschließen. Somit standen nur Rolle oder Pinsel zur Verfügung. Als Farbsystem habe ich den Zwei-Komponenten-Lack *Perfection* von *International* gewählt. Dieser soll besonders widerstandsfähig und

Es ist erstaunlich, wie gut ein 40 Jahre alter Rumpf mit etwas Hingabe aufpoliert werden kann.

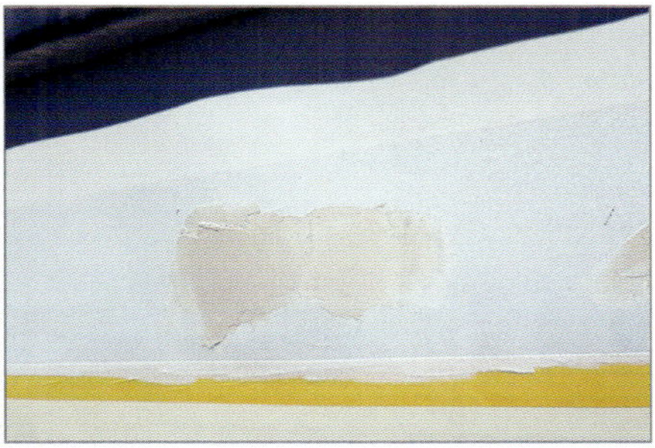

Sämtliche Unebenheiten wurden penibel gespachtelt und geschliffen, bevor die Grundierung aufgetragen werden konnte.

beständig gegen UV-Licht sein. Eine besondere Eigenschaft ist die mögliche Verarbeitung mit einem Pinsel, die trotzdem zu exzellenten Ergebnissen führt. Nachdem der Untergrund mit der passenden Grundierung zweifach gerollt und anschließend mit 400er Schleifpapier nassgeschliffen wurde, konnte der Lack in mehreren Schichten per Pinsel aufgetragen werden. Auch wenn das Ergebnis nach der ersten Runde noch Zweifel aufkommen ließ, ob die Operation erfolgreich abgeschlossen würde, konnte sich das Ergebnis zum Schluss sehen lassen. Auch nach zwei Jahren im Betrieb glänzt der Lack noch immer und wird, zusammen mit dem Rumpf, zu Beginn der Saison einmal aufpoliert und gewachst.

Leider ist die verfügbare Farbpalette vom *Perfection*-Lack relativ überschaubar. Da der Aufbau und das Deck zu sehr verwittert waren um den Lack mit Politur zu retten, wurden diese neu lackiert. Hierfür kam ein 2-K-Fahrzeuglack zum Einsatz, den es bei meinem lokalen Farbhändler in sämtlichen RAL-Tönen gibt. Die Verarbeitung erfolgte hier mit Rolle und Pinsel und das Ergebnis war für mich zufriedenstellend, auch wenn es nicht so perfekt war wie mit dem *Perfection*-Lack.
Für kleinere Farbarbeiten habe ich den Versuch mit einem Air-Brush-System an Bord gewagt und bin von der Handhabung und dem Ergebnis begeistert. Auch wenn die Flächen aus Air-Brush-Sicht riesig waren, so konnten diese zügig lackiert werden, ohne dass die Umgebung mit Sprühnebel belästigt wurde. Und das Ergebnis ist dann wirklich perfekt.

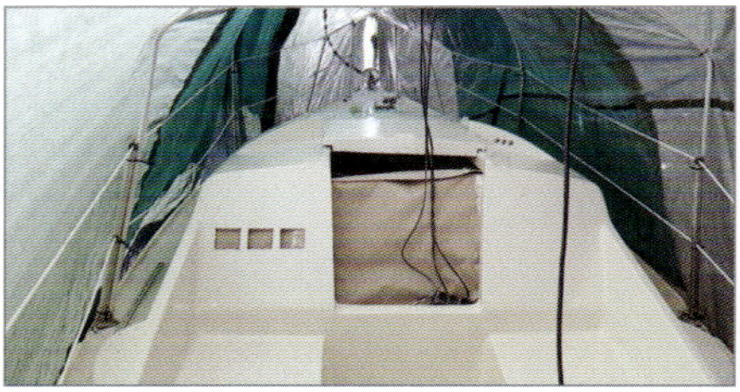

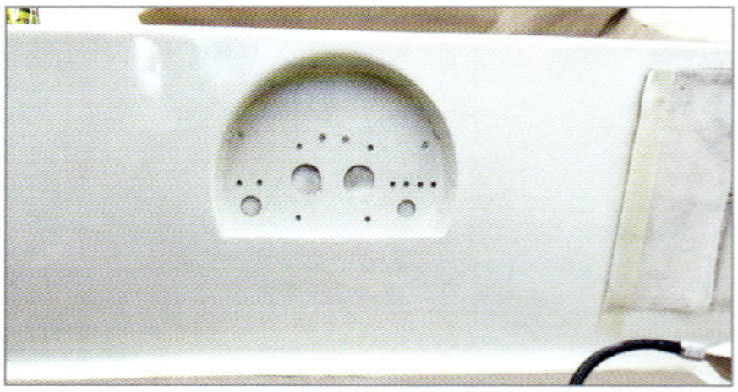

Der Aufbau wurde mit 2-K-Fahrzeuglack mit der Rolle lackiert. Für kleine Flächen kann mit einem Air-Brush-System ein tolles Ergebnis erreicht werden, ohne dass eine Lackierkammer erforderlich ist.

Der 2-K-Lack *Perfection* wird mit dem Pinsel aufgetragen. Auch wenn zuerst Zweifel aufkamen, kann sich das Ergebnis hinterher sehen lassen.

2.3 Scheuerleisten

Die *Hurley* ist umlaufend mit einer Scheuerleiste aus Hartholz versehen. Der Zustand sah so antik aus, dass ein vollständiger Ersatz in Erwägung gezogen wurde. Zuvor sollte noch ein Versuch mit einer Schleifscheibe auf einem Winkelschleifer unternommen werden. Und siehe da: Auf einmal erschien die Scheuerleiste wieder in alter Schönheit. Die Kanten wurden mit einer dauerelastischen Dichtungsmasse versiegelt und das Holz mit Lacköl beschichtet. Dieses wird seitdem einmal im Winterlager angeschliffen und neu aufgetragen.

Am Bug befanden sich einige Schrammen im Gelcoat, die auch mit dem Polieren nicht verschwanden. Im Bootszubehörgeschäft fand ich einen passenden Bug-Protektor aus 1,5 mm starkem Edelstahlblech. Er ist mehrfach geschlitzt und kann so mit der Hand an die Form des Bugs durch Biegen angepasst werden. Die Unterseite wurde mit Sikaflex versiegelt und der Protektor anschließend mit Edelstahlschrauben befestigt.

Die Holz-Scheuerleiste konnte mit einem Schleifaufsatz auf der Flex saniert werden und wird seitdem mit Holz-Lacköl konserviert.

Am Bug wurde ein Bug-Protektor aus Edelstahl montiert, um verkratzte Stellen zu verbergen und den Bug in Zukunft zu schützen.

SZ4642
SZ4642

2.4 Beschriftung

Jedes Schiff braucht einen Namen und fast immer auch eine Nummer. Während früher häufig einzelne Klebebuchstaben zum Einsatz kamen, stellen heute Internetdienstleister einfache Möglichkeiten zur Verfügung, um einen individuellen Schriftzug zu erstellen (z. B. *www.wirmachendruck.de*). Hierfür werden die Konturen des Schriftzuges als einfarbige Linie hervorgehoben und die Textfüllung leergelassen. Diese Eigenschaften lassen sich z. B. einfach in *MS Word* im Menü »Formformat« in den »Word-Art-Formaten« einstellen. Somit kann jede Wunsch-Schriftart in beliebiger Größe verwendet werden, der Schriftzug kann bei Bedarf auch Symbole enthalten. Der Schriftzug wird aus sogenannter Plottfolie ausgestanzt, die in diversen Farben angeboten wird. Sie ist äußerst witterungs- und UV-beständig und der Schriftzug kann in einem Stück aufgetragen werden. Der Rumpf wird an der Beschriftungsstelle ordentlich mit Verdünnung gereinigt, damit der selbstklebende Namenszug gut haftet. Am besten markiert man sich mit Klebeband am Rumpf Hilfslinien, an denen die Trägerfolie ausgerichtet wird. Nachdem der Schriftzug kräftig an der Bordwand angedrückt wurde, kann die Trägerfolie abgezogen werden.

Das Internet bietet tolle Möglichkeiten, individuelle Schriftzüge einfach fertigen zu lassen.

3 An Deck

3.1 Nicht ganz dicht?

Als besondere Kampfsportart stellte sich die Lecksuche an Deck heraus. Dass das Unterwasserschiff dicht sein muss, leuchtet ein. Das Gleiche gilt aber auch an Deck, wo das Regenwasser unbarmherzig seinen Weg ins Schiffsinnere sucht. Dort sind natürlich viel mehr Befestigungen, und somit potentielle Löcher vorhanden, wo das Wasser seinen Eintrittspunkt finden kann. Wie sich erst nach ein paar Monaten herausgestellt hatte, waren zwei Relingsstützen undicht und eine davon hatte das Deck ziemlich in Mitleidenschaft gezogen. Dies führte zu fließend Wasser unter Deck, nur das nicht unbedingt an den gewünschten Stellen. Sämtliche Verschraubungen, die vom Deck ins Schiffsinnere gehen, mussten überprüft werden. Das Abdichten erwies sich schwieriger als ursprünglich angenommen. Es reichte nicht aus, die Schrauben mit dauerelastischer Dichtungsmasse wie *Sikaflex* zu versehen und wieder einzuschrauben. Durch das Eindrehen der Schraube ist die Wahrscheinlichkeit sehr hoch, dass sich das Wasser am Gewinde ins Schiffsinnere begibt – trotz Dichtungsmasse. Wenn möglich, sollten die Schraubenköpfe verdeckt sein, sodass dort gar kein Wasser hinkommen kann. Ist dies nicht möglich, so sollten die Schrauben mit *Sikaflex* eingeschmiert und nur gesteckt werden. Anschließend muss man etwas Geduld mitbringen, damit die Dichtungsmasse erst einmal aushärtet. Die Befestigung erfolgt dann durch das Anziehen der Muttern von der Innenseite. Der Schraubenkopf wird mit entsprechendem Werkzeug gegen ein Mitdrehen gesichert. Dieses Vorgehen setzt voraus, dass man von innen an die Muttern herankommt (wodurch die Inneneinrichtung und -verkleidung demontiert werden müssen) und dass man zu zweit arbeiten kann. Zieht man die Muttern zu früh an, so quillt die Dichtungsmasse an den Seiten heraus und es bleibt undicht.

Die Relingsstützen waren nicht dicht. Spätestens an den verrosteten Konterplatten unter Deck wurde dies sichtbar. Die Stützen wurden an Deck mit neuen Konterplatten unter Deck befestigt.

Bei den undichten Relingsstützen führten mehrere Versuche der Abdichtung nicht zum Erfolg, sodass hier eine Grundsanierung anstand. Das Gelcoat sowie die beschädigten Stellen im Laminat wurden vollständig abgeschliffen und das Laminat mit mehreren Lagen Glasfasergelege und Epoxidharz neu aufgebaut. Im nächsten Schritt mussten die Stellen wieder in ihre ursprüngliche Form gebracht werden, wobei sich Spachteln und Schleifen mehrmals abgewechselt haben. Die Oberfläche wurde dann mit Epoxid-Grundierung behandelt und abschließend mit Hilfe des Air-Brush-Systems mit dem 2-K-Deckslack lackiert. Vor der Montage der Relingsstützen wurden aus Gummi passende Dichtungen hergestellt und für die Gegenseite unter Deck Konterplatten aus 5 mm Aluminium zugeschnitten. Die Schrauben zur Befestigung wurden durchgesteckt und von innen mit selbstsichernden Muttern angezogen.

Sollte es trotzdem noch feuchte Stellen unter Deck geben, deren Ursprung eindeutig Regenwasser von außen ist, so hilft möglicherweise *Captain-Tolley's*-Dichtmittel. Das Wasser an Deck sucht sich seinen Weg und dringt durch noch so kleine Ritzen ein. Diesen Effekt nutzt dieses Dichtmittel ebenfalls, indem es durch Kapillarwirkung in feinste, Leck verursachende Risse eindringt. Nach dem Trocknen wird es transparent und flexibel. Es wird als weiße Flüssigkeit auf die vermutete undichte Stelle aufgetragen. Besteht hier eine Undichtigkeit, so wird die Flüssigkeit nach und nach verschwinden. Ist die Stelle dicht, so bleibt die Flüssigkeit stehen und kann anschließend einfach abgewischt werden. Auf diese Weise können Risse von bis zu 0,5 mm Dicke abgedichtet werden, wobei dann die Prozedur so oft wiederholt werden muss, bis die Flüssigkeit nicht mehr verschwindet.

Captain Tolley's hilft bei der Suche und beim Abdichten von haarfeinen Undichtigkeiten.

3.2 Schutz des Eingangsbereichs

Der Eingang zur Kajüte besteht aus einem Schiebeluk und einem einsteckbaren Schott, das in einem Holzprofil geführt wird. Um zu vermeiden, dass sich bei Abwesenheit das Regenwasser hier seinen Weg in die Kajüte sucht, habe ich mir bei *www.wirmachendruck.de* eine Persenning anfertigen lassen, die mit sechs Druckknöpfen am Aufbau befestigt wird. Auf Höhe des Lüftungsgitters im Steckschott wurden mit dem Locheisen mehrere Löcher gestanzt, um die Luftzirkulation weiterhin zu ermöglichen. Weil die Persenning individuell gefertigt wurde, konnte ich auf die Sichtseite eine Kompassrose drucken lassen. Diese Konstruktion hat sich seit vielen Jahren bewährt und ermöglicht auch während der Reise, die Kajüte schnell vor Regen zu schützen, ohne dass der Niedergang mit dem Steckschott versperrt wird.

Eine Persenning schützt den Niedergang und wird mit sechs Druckknöpfen befestigt.

3.3 Last abfangen

Überlastungen des Decks können durch kleine Haarrisse im Gelcoat erkannt werden, sie entstehen strahlenförmig um die betroffene Stelle herum. Häufige Kandidaten sind Verschraubungen von Relingsstützen, Handläufen und bei meinem Schiff die Badeleiter. Für die korrekte Sanierung baut man an diesen Stellen das Laminat neu auf. In meinem Fall habe ich eine bequemere Variante gewählt: Für das Achterdeck habe ich mir eine Schablone erstellt und diese auf eine 2 mm dicke Edelstahlplatte übertragen. In die Platte wurden die Löcher zur Befestigung der Badeleiter gebohrt und dann mit *Sikaflex* an Deck festgeklebt. Für die Innenseite unter Deck wurden großflächige Konterplatten aus Edelstahl vorbereitet, die zusammen mit der Badeleiter festgeschraubt wurden. Somit werden nun die Kräfte viel besser verteilt und die ursprüngliche Punktbelastung wurde abgestellt.

Spannungsrisse im Gelcoat zeigen eine Überlastung an den Befestigungspunkten der Badeleiter. Um die Last besser zu verteilen, wurde an Deck eine Edelstahl-Grundplatte befestigt. Unter Deck wurden großflächige Platten verschraubt, um die Kräfte besser an das Material abzugeben.

3.4 Holz an Deck

Ein GFK-Klassiker ist kein Holzboot. Aber wo steht geschrieben, dass Kunststoff das einzig zu verwendende Material sein sollte? Es ist ja schließlich keine Tupperschüssel. Ein bisschen Holz an Deck zur optischen Abrundung war daher gewünscht, aber pflegeleicht sollte es sein. Auf diversen GFK-Schiffen findet man wunderschöne Teak-Decks, die jedoch relativ pflegeintensiv sind. Bei mir an Bord entschied ich mich dafür, in einfacher Weise für ein wenig maritime Optik im Cockpit zu sorgen. Aus Pappe habe ich exakte Schablonen für die Ablageflächen und den Motorraumdeckel erstellt und diese am Computer in ein CAD-Modell übertragen. In diesem habe ich anschließend die Struktur eines Teakdecks nachgebildet. Ein Export der Zeichnungen ermöglichte es anschließend einer Schreinerwerkstatt, diese Konturen mit einer CNC-Maschine aus wasserfestverleimtem Sperrholz auszufräsen. Die gefrästen Fugen wurden mit schwarzem *Sikaflex* gefüllt und nach dem Aushärten verschliffen. Zum Abschluss wurden die Platten mehrmals mit dem 2-K-Klarlack *Perfection* von *International* lackiert. Die Holzplatte wurde auf dem Kajütdach mit weißem *Sikaflex* festgeklebt und die Platte auf dem Motorraumdeckel verschraubt.

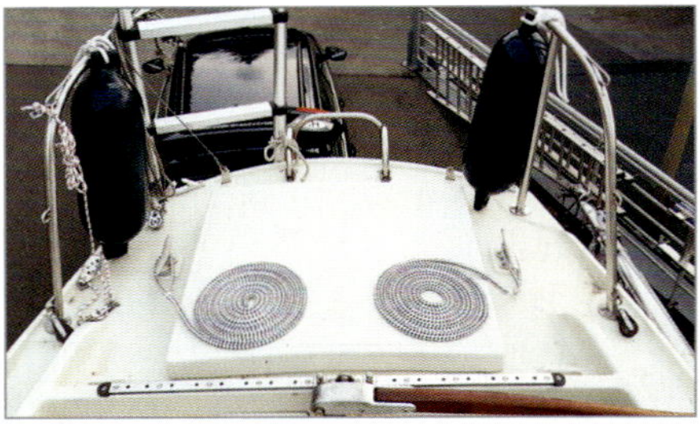

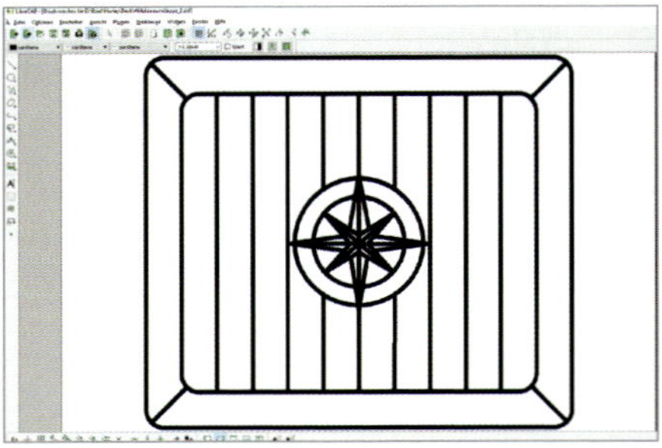

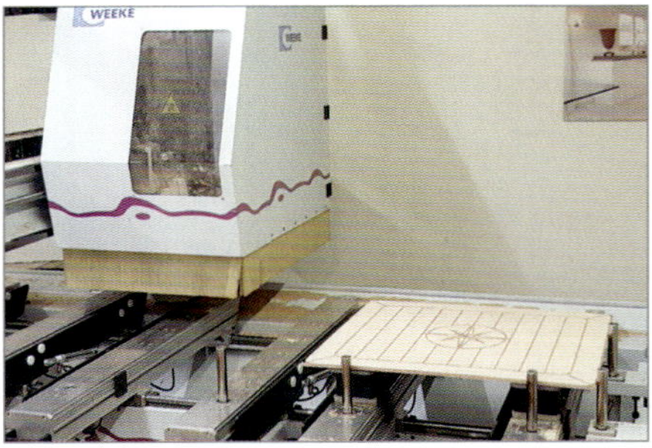

Auf einem GFK-Schiff darf es auch Holz geben. Mit der CAD-Software wurden die Vorlagen erstellt und in einem Fachbetrieb mit einer CNC-Maschine auf wasserfestverleimtes Sperrholz übertragen.

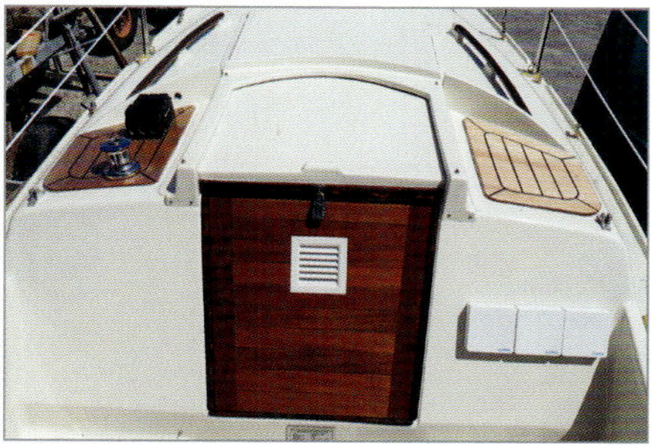

Das Sperrholz wurde lackiert, die Fugen mit schwarzem *Sikaflex* versiegelt und verschliffen. Anschließend wurde das Holz mehrfach lackiert und an Deck befestigt.

3.5 Handlauf

Auf dem Kajütdach befanden sich an beiden Seiten Handläufe aus Teakholz. Nach der Demontage der Deckenverkleidung konnte ich feststellen, dass die Verschraubung durch die Decke undicht war und neu abgedichtet werden musste. Die Demontage fand der Steuerbord-Handlauf überhaupt nicht nett und ist deshalb durchgebrochen. Aus diesem Grund mussten zwei neue Handläufe angefertigt werden. Die Neuen sollten stabiler und leichter abzudichten sein. Daher bestand die Idee darin, sie als Sandwich zweiteilig herzustellen. Die äußeren Abmessungen wurden auf ein Teak-Kantholz übertragen und mit einer Bandsäge ausgesägt. Ein Bandschleifer wurde mit einer Hilfskonstruktion zu einer stationären Maschine umgebaut, sodass der zukünftige Handlauf in die gewünschte Form geschliffen werden konnte. Für den Deckel wurde das Kantholz auf die gewünschte Stärke gehobelt. Auch hierfür wurde eine Hilfskonstruktion benötigt, um den mobilen Elektrohobel zu einer Hobelmaschine umzubauen. Diverse Tutorials auf *YouTube* bieten hierfür gute Anleitungen. Im Unterteil wurden Sechskantschrauben zur Befestigung eingelassen, sodass sich diese nicht mehr mitdrehen konnten. Zum Abschluss wurde der Deckel von der Unterseite des Handlaufs festgeschraubt. Somit ergab sich eine stabile Konstruktion, die keinerlei sichtbare Schrauben hatte, durch die Wasser ins Schiffsinnere hätte eindringen können. Für die Abdichtung an Deck wurde eine passende Dichtung aus Gummi zugeschnitten und die Schraubenlöcher mit einem Locheisen gestanzt. Nachdem die Handläufe mehrfach mit Lacköl behandelt wurden, konnten diese an Bord befestigt werden. Die Schrauben wurden durch die Öffnungen an Deck durchgesteckt und von innen mit großflächigen Scheiben und selbstsichernden Muttern befestigt.

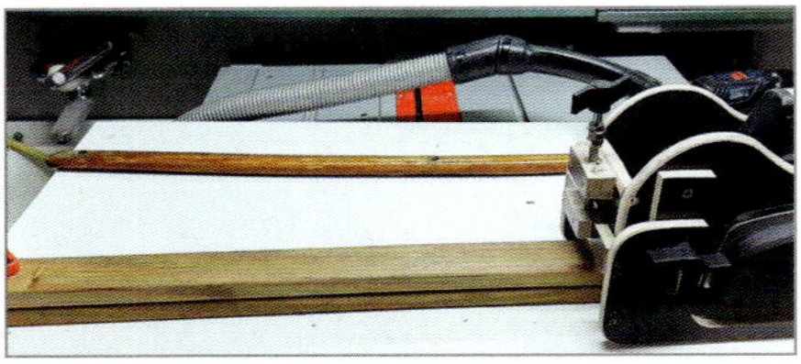

Die Form des alten Handlaufs wurde auf ein Teakbrett übertragen, das auf die erforderliche Stärke gehobelt, mit der Bandsäge zugeschnitten und mit dem Bandschleifer in die gewünschte Form gebracht wurde.

Der Sechskant der Befestigungsschraube im Unterteil wurde mit dem Stemmeisen ausgehoben, um ein Mitdrehen zu verhindern. Für die Auflageflächen wurden Gummidichtungen angepasst.

3.6 Reling

Die *Hurley 700* ist ein robustes und seegängiges Schiff. Die umlaufende Reling trägt zur Sicherheit bei, wenn es vom Cockpit aufs Vorschiff geht. Die Reling besteht zum einen aus robusten Edelstahlstützen, die an Deck verschraubt sind und zum anderen aus jeweils zwei Relingsdrähten, die von vorn nach achtern gespannt sind. Der Zustand dieser Sicherheitseinrichtung ließ bei mir an Bord zu wünschen übrig, denn die Drähte waren teils verrostet und teils mit einem Tampen provisorisch festgebunden worden. Der Zubehörmarkt bietet für diese Aufgabenstellung passende Refit-Sets, die gut in Eigenregie eingebaut werden können. Sie bestehen aus 4-mm-Edelstahldraht, der mit weißem Kunststoff ummantelt ist, sowie passenden Terminals mit Spannvorrichtung aus Edelstahl. Zur Befestigung der Terminals wird die Kunststoffummantelung am Drahtende entfernt und in das Terminal eingeführt, wo es mit zwei Innensechskantschrauben festgehalten wird. Diese sollten mit Loctite gesichert werden. Anschließend wird der Draht durch die Relingsstützen gefädelt und mit einem Bolzenschneider auf passende Länge geschnitten. Nun erfolgt die gleiche Prozedur zur Befestigung des Terminals. Zum Abschluss werden die Terminals am Endpunkt befestigt und mit der integrierten Spannschraube gespannt.

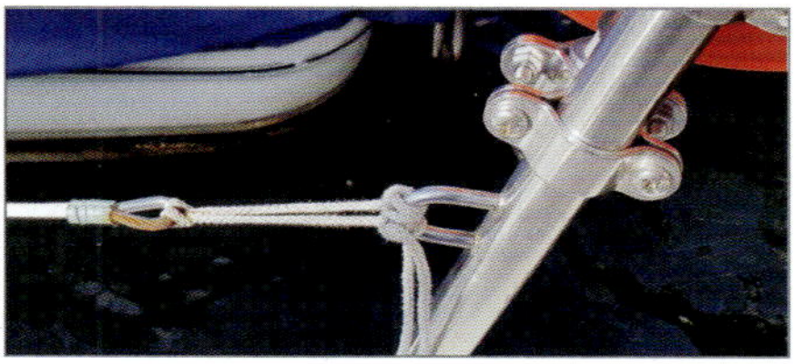

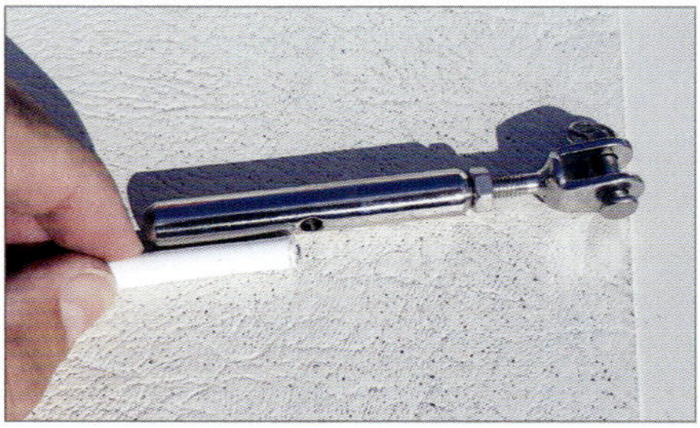

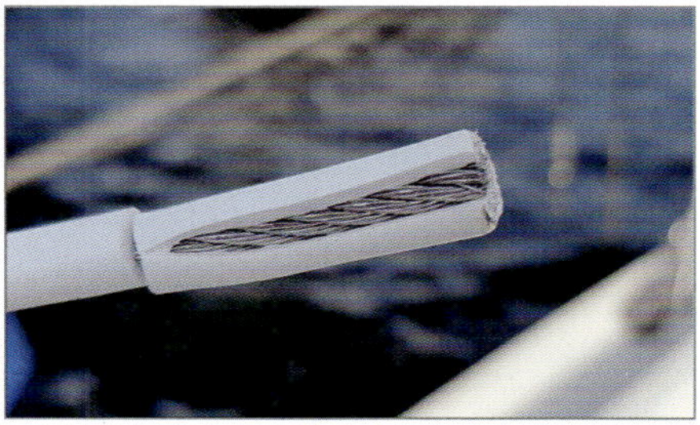

Erneuerung der Relingsdrähte mit passenden Bausätzen aus dem Bootszubehör. Für die Montage ist kein Spezialwerkzeug erforderlich.

3.7 Deckwaschanlage und Außendusche

Das Privileg eines Seglers auf den Schweizer Binnenseen ist, seinem Hobby in einem Gewässer mit annähernd Trinkwasserqualität nachzugehen. Dieses kühle Nass sollte daher auch zur Abkühlung der Crew und zum Deckwaschen zugänglich sein. Im Außenborderschacht wurde hierfür ein Wassereinlass aus Edelstahl montiert. Somit musste keine Rumpfdurchführung im Unterwasserbereich montiert werden. Über einen Spiralschlauch mit einem Durchmesser von einem halben Zoll wurde der Einlass mit einer selbstansaugenden Druckwasserpumpe verbunden. Auf der Druckseite wurde ein T-Stück montiert, um das Wasser zu einem eingebauten Anschluss mit einer *Gardena*-Kupplung sowie einer eingelassenen Decksdusche zu verteilen. Am Deckswaschanschluss lässt sich bequem ein Schlauch und ein Schrubber anschlagen. Schon manches Dickschiff hat mich um diese Funktion beneidet, wenn die Skipper immer noch mit der Pütz das Wasser an Deck holen müssen. Die Decksdusche wurde in die Rückwand zum Motorraum eingelassen und kann aus einer kleinen Klappe herausgezogen werden. Somit wird das selbstlenzende Cockpit zur Duschwanne. Nach Gebrauch wird der Schlauch zurückgestoßen und verschwindet fast unsichtbar.

Im Außenborderschacht wurde der Ansaugstutzen montiert. Eine Elektropumpe verteilt das Wasser auf den Deckwaschanschluss im Cockpit sowie der Außendusche, die im Schott zum Motorraum versenkt eingebaut wurde.

4 Unter Deck

Die *Hurley 700* verfügt über eine kleine Kajüte, die trotzdem erstaunlich viel Wohn- und Stauraum bietet. Im Vorschiff befindet sich die klassische Doppelkoje und an der Backbord- und Steuerbordseite jeweils eine Hundekoje, die unter das Cockpit reichen. Da der Mast auf dem Deck aufgesetzt ist, stört er nicht im Inneren der kleinen Kajüte. Es gibt eine kleine Kombüse mit Waschbecken und Kochgelegenheit, sowie einen Tisch, der sowohl in der Kajüte als auch im Cockpit eingesteckt werden kann. In seiner Parkposition ist dieser gleichzeitig die Tür für einen kleinen Kleiderschrank. Im Originalzustand befand sich sogar eine fest eingebaute Toilette im Vorschiffsbereich unter der Koje. Auf den Schweizer Seen müssen jedoch alle Borddurchbrüche dauerhaft verschlossen sein, sodass die Toilette schon lange ausgemustert wurde. Ihren Platz hat ein kleines Chemie-WC eingenommen, das aber nur wegen der Ausrüstungspflicht mitgenommen wird und an Bord nicht benutzt wird.

Diverse Schapps und Backskisten bieten viel Platz für Ausrüstung, Proviant und was sonst noch alles an Bord untergebracht werden möchte.

4.1 Mehr Durchblick

Im Kajütaufbau befinden sich Fenster aus Plexiglas, die von der Außenseite in den Aufbau eingelassen sind. Hierfür befindet sich im Laminat jeweils eine Vertiefung. Von außen werden diese mit einem Aluminiumprofil abgedeckt. Um die neue Wandverkleidung zu montieren, mussten die Fenster ausgebaut werden. Zusätzlich war offensichtlich, dass sie nicht ganz dicht waren, das sollte nach Möglichkeit behoben werden.

Die neuen Fenster sollten auf einer CNC-Maschine passgenau gefertigt werden. Hierfür mussten die Maße der alten Fenster auf den Computer übertragen werden. Die Fenster sind hinten schma-

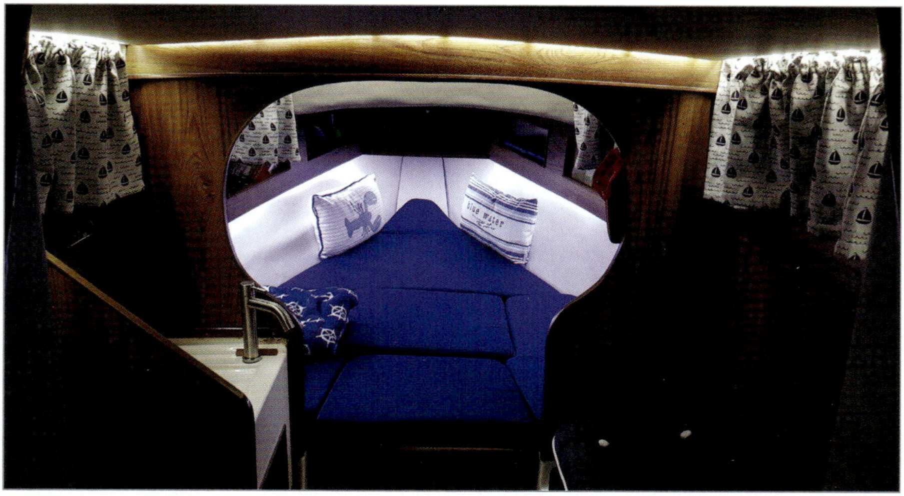

Die *Hurley 700* hat eine gemütliche Kajüte für zwei Personen.

ler als vorn und durch die Form des Aufbaus gebogen. Somit habe ich auf den alten Fenstern ein feines Raster aufgezeichnet und die Maße einzeln auf das Modell am Computer übertragen. Diese Zeichnung konnte von der CNC-Maschine gelesen werden, um die neuen Fenster aus einer Platte auszufräsen.

In der Zwischenzeit wurden die Reste der Dichtungsmasse penibel entfernt. Für die Innenseite der Bordwand war maritimes Kunstleder vorgesehen, das mit Spezialkleber befestigt wurde. Entlang des Einbauprofils für die Fenster wurde das Kunstleder mit diversen Spannhaltern befestigt, bis der Kleber ausgehärtet war. Dies war insbesondere in den Rundungen an beiden Enden der Fenster eine Herausforderung, da das Kunstleder dort deutlich gespannt werden musste.

Die eloxierten Fensterrahmen wurden ebenfalls von den Resten der alten Dichtungsmasse befreit. Um eine Dichtung sicherzustellen, wurden die Unterseiten der Rahmen mit Sprühkleber versehen, auf eine Dichtungsmatte geklebt und zusammen auf einer Holzplatte verbschraubt. Dies war erforderlich, da sie im eingebauten Zustand durch die Wölbung des Aufbaus leicht gebogen sind und somit die Dichtung nicht überall gehalten hätte.

Da die Außenseiten der Rahmen nicht besonders ansehnlich waren, wurden sie geschliffen, grundiert und mit Hilfe des Air-Brush-Systems mit dem 2-Komponenten-Lack des Aufbaus lackiert.

Beim Einbau wurden die Fensterrahmen mit dem Aufbau verschraubt. Die Auflagefläche auf dem Plexiglas dichtet nur durch den Anpressdruck ab. Zusätzlich sind die Fensterrahmen jeweils zweigeteilt, wodurch sich eine Nahtstelle in der Mitte ergibt. Besonders die untere Kante des Rahmens ist sensibel, da dort das Regenwasser, das von der Scheibe herunterläuft, stehen bleibt. Wie man fast vermuten kann, haben diese Umstände dazu geführt, dass die Fenster trotz der sorgfältigen Vorbereitung nicht ganz dicht waren. Schlussendlich habe ich alles noch einmal ausgebaut und die Auflageflächen zusätzlich mit farblosem Silikon bestrichen und diesen aushärten lassen. Erst dann wurden die Schrauben des Fensterrahmens angezogen. Bisher erwies sich diese Prozedur als erfolgreich.

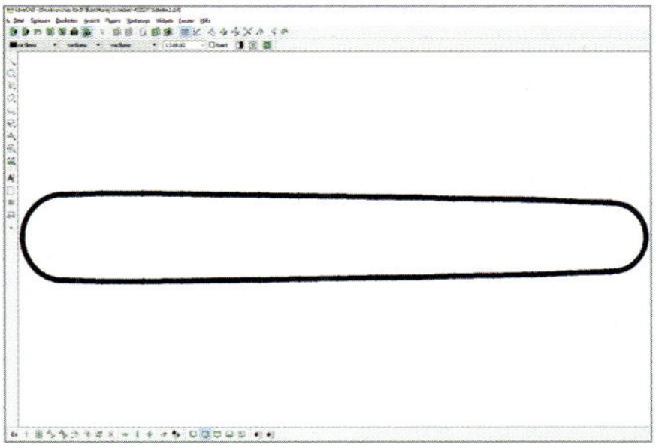

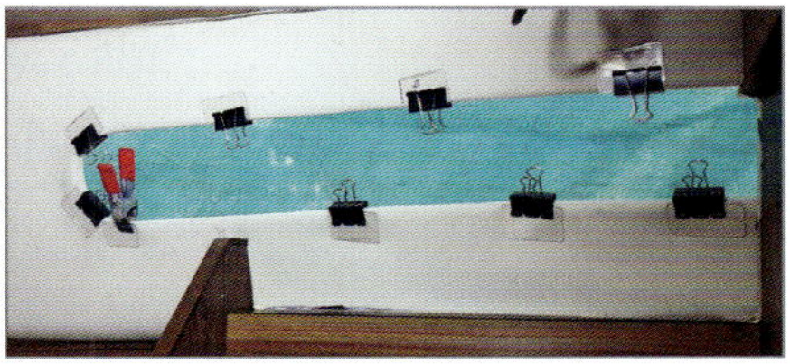

Die neuen Fenster wurden am CAD-System entworfen und maßgenau gefertigt. An Bord musste vor der Montage die neue Innenverkleidung befestigt werden.

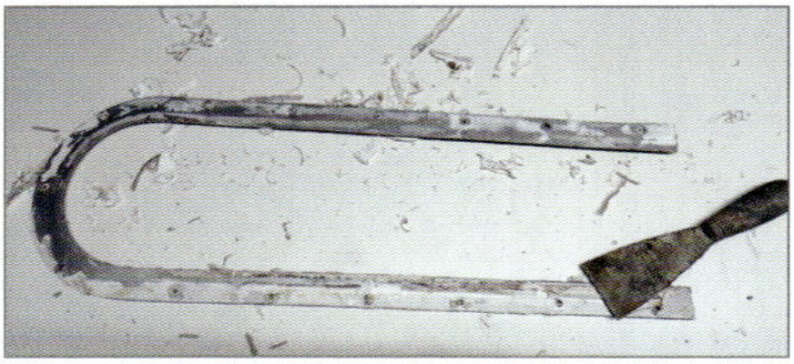

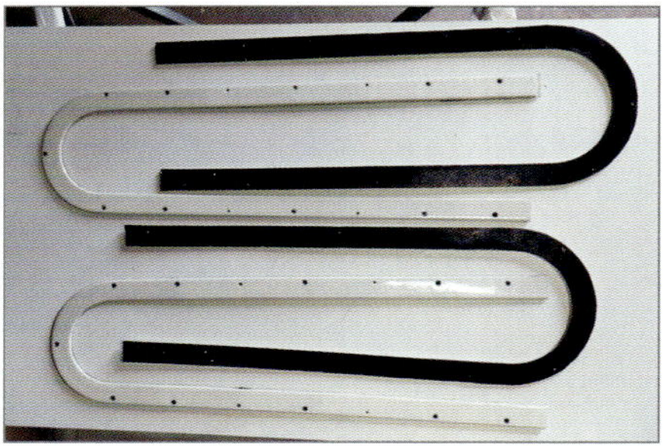

Der Befestigungsrahmen wurde von alter Dichtungsmasse befreit, eine neue Gummi-Dichtung erstellt und der Rahmen mit 2-K-Lack aus dem Air-Brush-System lackiert. Anschließend wurden die Fenster wieder am Aufbau festgeschraubt.

4.2 Frische Luft unter Deck

Auf dem Vorschiff befindet sich oberhalb der Kojen eine Ausstiegs- und Lüftungsluke. Um einen kontinuierlichen Luftaustausch in der Kajüte zu haben, wurde in dieser Luke ein Solarlüfter nachgerüstet. Da die Luke aus Plexiglas besteht, war der Einbau nicht besonders aufwändig. Mit der Stichsäge wurde eine kreisrunde Öffnung ausgesägt und zusätzlich wurden drei Befestigungslöcher gebohrt. Die Abdichtung erfolgt über eine mitgelieferte Moosgummidichtung. Das gewählte Modell aus Edelstahl ist äußerst robust, was durch die Montage auf dem Vordeck eine wichtige Eigenschaft ist. Hier kann man einen versehentlichen Fußtritt nicht ausschließen.

Der Lüfter saugt nach Herstellerangaben bis zu 11 m^3/h aus meiner Kajüte. Diese Luft muss irgendwo nachströmen, auch wenn keiner an Bord ist. Dafür ist das Eingangsschott mit einem Lüftungsgitter ausgerüstet.

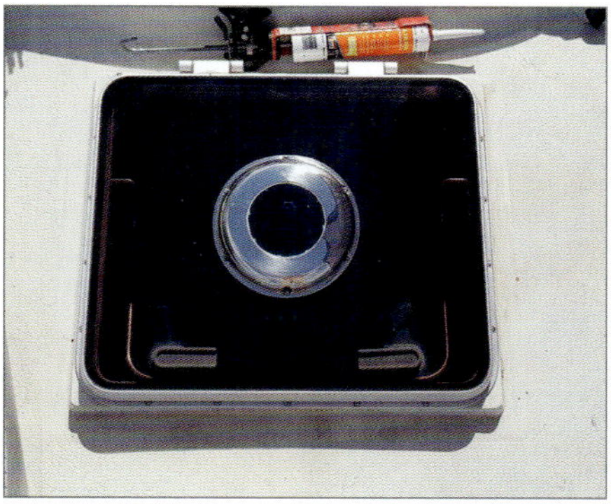

4.3 Innenausbau

Die Wandverkleidung bestand aus braunem Teppich und die Deckenverkleidung aus beigem Kunstleder. Beide zeigten deutlichen Verschleiß und Stockflecken, die auf Undichtigkeiten hinwiesen. Deshalb wurden sie vollständig entfernt. Der Untergrund war solide und man konnte bereits erahnen, wo die Feuchtigkeit ihren Weg unter Deck gefunden hatte.

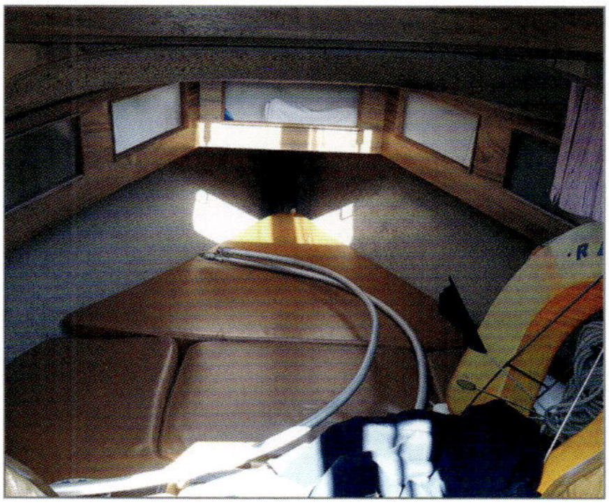

Im Oberlicht wurde ein Solarlüfter eingelassen. In der Kajüte wurde das Oberlicht mit einem Teakholzrahmen eingefasst. Ein Lüftungsgitter im Steckschott ermöglicht einen kontinuierlichen Luftaustausch.

Die Wandverkleidung aus braunem Teppich zeigt deutliche Undichtigkeiten. Das Design ist schon fast eine Beleidigung für das Auge des Skippers.

4.3.1 Wand- und Deckenverkleidung

Bei der Auswahl der neuen Wand- und Deckenverkleidung war Teppich für mich keine Option. Es sollte ein helles, pflegeleichtes Material sein, das für den Einsatz an Bord geeignet ist. Im Bootszubehörgeschäft bin ich auf die Decken- und Wandverkleidung von Gisa Tex gestoßen, die aus Kunstleder mit feinster Lederprägung sehr wertig aussieht. Das Material ist auf der Innenseite mit 5 mm Thermo-Schaum-Kaschierung und Kunstseiden-Charmeuse beschichtet, sodass es auch noch eine gewisse Isolierung mitbringt. Ein weiteres Argument war die Tatsache, dass der empfohlene Kleber lösungsmittelfrei ist und somit im Wohnbereich keine Dämpfe absondert.

Das Material wird in Bahnen mit 1,4 m Breite geliefert und kann sehr einfach mit einer elektrischen Schere zugeschnitten werden.

Da an Bord alles krumm und schief ist, wurden zuerst diverse Schablonen aus Packpapier erstellt, diese dann auf das Kunstleder übertragen und mit der Elektroschere ausgeschnitten. Die zu beklebenden Stellen wurden mit Verdünnung gereinigt und mit dem Spezialkleber bestrichen. Dieser erwies sich als sensibel, sodass die genaue Beachtung der Gebrauchsanweisung von großer Bedeutung für den Klebeerfolg ist. Ungewöhnlich für mich war, dass der Kleber keine Anfangshaftung hat. Zusätzlich ist die Einlegezeit temperaturabhängig, sodass die niedrigen Temperaturen besonders bei Arbeiten im Winterlager die Wartezeit deutlich verlängern, bis der Kleber endlich abbindet. Die richtige Zeit ist gegeben, wenn der Klebstoff Fäden bildet. Die fehlende Anfangshaftung sorgt bei der Verklebung von Deckenteilen zu Problemen, da einem dieses Teil ständig entgegenfällt. In diesem Fall pinselt man zuerst die Decke mit dem Kleber ein (oder besser noch mit einer Lammfellrolle) und drückt das zugeschnittene Material in das nasse Klebstoffbett. Dadurch wird Klebstoff von der Decke abgenommen und auf die Rückseite des Materials übertragen. Erst wenn sich bei der Fingerprobe Fäden bilden, wird die zugeschnittene Verkleidung erneut in das Klebebett eingedrückt.

Wo die Verkleidung zusätzlich mit Tackernadeln befestigt wurde, oder in Kanten eingedrückt werden konnte, funktionierte die Methode gut. Bei frei hängender Verkleidung ist sie mir jedoch trotz aller Mühe regelmäßig entgegengekommen. Daher habe ich bei Klebeflächen wie der Deckenverkleidung, die ich nicht an Bord verklebt hatte, schlussendlich Sprühkleber von *3M* verwendet.

Manchmal lässt es sich nicht vermeiden, dass es sichtbare Stoßkanten gibt, sei es durch die limitierte Breite des Materials oder durch die komplexe Geometrie an Bord. Für diesen Zweck habe ich schmale Kunststoffstreifen mit Resten der Deckenverkleidung beklebt. Diese werden auf die erforderliche Länge zugeschnitten und mit Kontaktkleber über die Stoßkante geklebt.

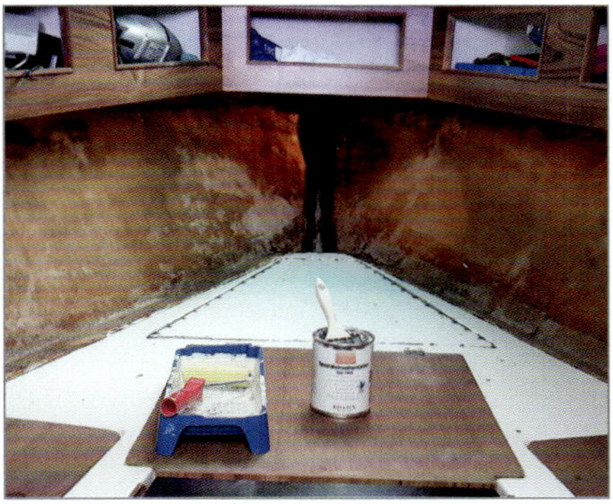

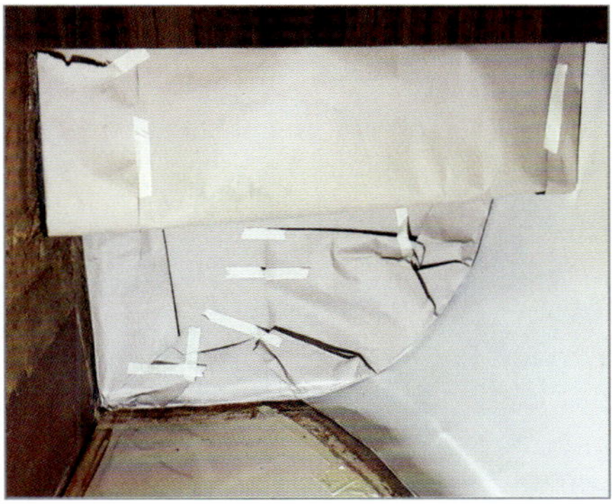

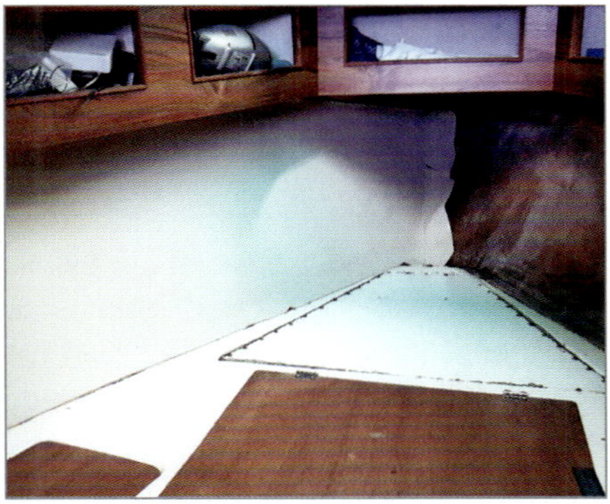

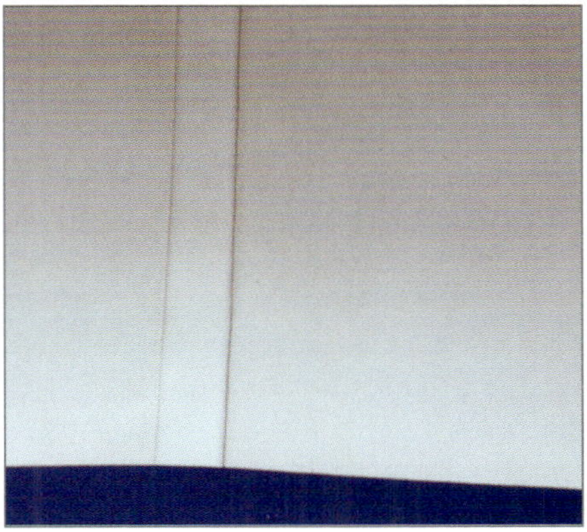

Die alte Wandverkleidung wurde vollständig entfernt, die Klebestellen gesäubert und mit lösungsmittelfreiem Kleber eingestrichen, in die die neue Verkleidung eingedrückt wurde. Sichtbare Stoßkanten wurden mit Kunststoffstreifen überdeckt, die mit Resten der Deckenverkleidung beklebt wurden.

Für komplizierte Formen wurden Schablonen aus Packpapier erstellt und auf das Material übertragen. Eine Elektroschere war ein gutes Hilfsmittel für den Zuschnitt. Für die Deckenverkleidung, die nicht an Bord beklebt wurde, habe ich *3M* Sprühkleber verwendet.

4.3.2 Bodenbrett

Die Bilge unterhalb der Kajüte war mit drei Brettern abgedeckt, die mit braunem Teppich beklebt waren. Zwei Bretter konnten aufgenommen werden, im mittleren war die Halterung für den Tisch fix montiert. Für die Aufnahme der Bretter war ein Profil einlaminiert, das bereits einige Risse aufwies. Daher habe ich die Aufnahme der Bodenbretter an mehreren Stellen mit wasserfestem Sperrholz unterfüttert und solide verschraubt. Das neue Bodenbrett sollte in einem Stück gefertigt sein und maritimer aussehen. Entsprechend wurde aus Packpapier eine Schablone erstellt und auf Sperrholz übertragen. Auf diesem wurden mit der Oberfräse Nuten eingefräst und diese mit weißem *Sikaflex* gefüllt. Somit entstand die gewünschte Teakdeckoptik. Nachdem die Bodenplatte exakt an die Gegebenheiten an Bord angepasst war, wurde sie mehrfach mit *Perfection*-2-K-Klarlack lackiert. Seitdem verrichtet sie ihren Dienst an Bord, auch wenn sie dort nur getreten wird.

Das neue Bodenbrett im maritimen Look.

4.3.3 Rum für die Mannschaft

Die *Hurley* verfügt über diverse Schapps und Schwalbennester, die jedoch fast alle offen sind. Da es auf See Tradition ist, die Mannschaft nach einem gelungenen Törn mit einer Ration Rum zu belohnen, musste bei mir die Bordbar nachgerüstet werden. Eine Nische auf der Backbordseite wurde ausgewählt. Hier machte sich die Krümmung der Bordwand bereits deutlich bemerkbar, sodass eine filigrane Maßanfertigung her musste. Die Krümmung wurde auf eine Pappschablone übertragen. Hierfür wurde diese grob zugeschnitten und an die Bordwand gehalten. Anschließend habe ich einen Bleistift parallel an eine Leiste geklebt. Diese Leiste wurde an der Bordwand, am Rumpf anliegend, entlanggeführt, sodass der Bleistift die Rundung exakt auf die Pappschablone übertragen hat. Diesen Vorgang habe ich für die zweite Wand der zukünftigen Bordbar wiederholt und auf wasserfest verleimtes Sperrholz übertragen.

Das Innenleben der Bordbar entstand in der Werkstatt. Hierfür wurden entsprechend der Flaschenbodenkonturen Regaleinsätze angefertigt, um ein Herausfallen auf See zu verhindern.

Die Wände und Türen der Bar wurden mit dem gleichen Material beklebt, das für die Wand- und Deckenverkleidung zum Einsatz kam. Die Türen wurden flächenbündig eingebaut und mit Druckschnäppern versehen. Zusätzlich wurde das Innere der Bar mit einem RGB-Leuchtband ausgerüstet, um für stimmungsvolle Beleuchtung zu sorgen.

Das Schapp für die Bordbar musste an die Bordwand angepasst werden. Passgenaue Halterungen machen das kühle Nass seefest und die Beleuchtung sorgt für die entsprechende Stimmung.

4.4 Kombüse

Die Kombüse ist bekanntlich der Platz zum Zubereiten der Speisen und Getränke für die hungrige Crew. Es leuchtet ein, dass man auf einem 22-Fuß-Boot gewisse Abstriche machen muss. De facto besteht die Kombüse bei mir aus einem Spülbecken, das mit einem Brett abgedeckt wird und aus einem weiteren Brett, das über die Spüle gezogen werden kann. Auf diesem befand sich ein etwas in die Jahre gekommener Spirituskocher.

4.1.1 Der Kaffee ist fertig

Die Erwartungshaltung des Skippers war, einen vernünftigen Kaffee einfach zubereiten zu können. Seit Erfindung der Kaffeekapseln entstehen so wahre Wunderwerke, da sie mittels einer kleinen Maschine ein sehr gutes Ergebnis brauen. Mit etwas Glück konnte eine Maschine gefunden werden, die exakt in die Kombüsenecke neben dem Kocher passt. Da die Kaffeemaschine erhebliche elektrische Energie benötigt, um ihren Dienst zu verrichten, sollte diese Anforderung einen wesentlichen Einfluss auf die zukünftige elektrische Installation an Bord haben.

Platz ist in der kleinsten Hütte, wenn er nur clever genutzt wird.

Der Betrieb einer *Nespresso*-Maschine während der Reise war eine wichtige Anforderung des Skippers.

4.4.2 Kochen und Grillen mit Gas

Der zweiflammige Spirituskocher wurde durch einen einflammigen, mobilen Gaskocher ersetzt. Nun ist es mit Gas an Bord so eine Sache, denn es erfordert eine abgenommene Installation und muss regelmäßig geprüft werden. Die verwendeten Geräte müssen entsprechend für den Bordeinsatz zugelassen und fest installiert werden. Mein mobiler Gaskocher wird mit einer Butan-Gaskartusche betrieben und verfügt über eine Piezo-Zündung auf Knopfdruck. Aufgrund der beengten Verhältnisse unter Deck, kommt er in der Kombüse sowieso nie zum Einsatz und wenn einmal ein paar Spaghetti gekocht werden, so erfolgt das im Cockpit oder an Land.

Wird unterwegs Heißwasser z. B. für einen Tee benötigt, so habe ich einen kleinen, elektrischen Wasserkocher an Bord. Für die Kaffeemaschine ist das elektrische System entsprechend vorbereitet.

Der Kocher wird so wenig benutzt, weil es etwas viel Besseres an der Reling gibt: einen *Magma*-Kugel-Gasgrill. Zugegeben, dieses Gerät kostet ein kleines Vermögen, ist für den Einsatz an Bord jedoch eine lohnende Investition. Er ist vollständig aus Edelstahl gefertigt und verfügt über einen ausbalancierten Scharnierdeckel, der nicht zuschlägt, wenn das Boot rollt. Der Grill wird mit einer einfachen Stange und einer Spannschraube an der Reling befestigt. Der Betrieb erfolgt mit einer Gaskartusche, die direkt am Grill angeflanscht wird. Die integrierte Piezo-Zündung ermöglicht einen Einsatz auf Knopfdruck. Unter dem Deckel befindet sich ein Grillrost mit Feuermulde und Fettfang, sodass nichts während des Grillens ins Wasser tropft.

Der Gaskocher mit integrierter Patrone wird selten und dann nur an Deck genutzt. Dafür ist der Gas-Kugelgrill, der an der Reling befestigt ist, häufig im Einsatz.

In Europa sind *CV-470*-Gaskartuschen mit dem selbstschließenden Sicherheitsventil verbreitet, die in jedem Baumarkt und im Campingzubehör verkauft werden. Mir war bis dahin nicht bekannt, dass in den USA die Gaskartuschen andere Anschlüsse haben. Ich hatte mir nämlich meinen Grill aus den USA kommen lassen und stellte erst dann fest, dass sich die hiesigen Kartuschen nicht anschließen ließen. Somit schmolz der erhoffte Preisvorteil wie Butter in der Sonne, denn mir blieb nichts anderes übrig, als ein neues Regulierventil bei meinem lokalen Bootsausrüster zu erwerben.

Es stellte sich noch die Frage nach der korrekten Lagerung der Gaskartuschen. Das enthaltene Propan-Butan-Gemisch ist schwerer als Luft, sodass die Kartuschen nicht unter Deck gelagert werden dürfen. Sollte einmal Gas austreten, so würde sich dieses in der Bilge sammeln und möglicherweise eine explosive Mischung ergeben.
Daher werden die Kartuschen zurzeit in einem Eimer im Motorraum am Heck gelagert. Dieser wird ständig mit Frischluft versorgt. Mittelfristig ist es vorgesehen, für die Kartuschen in einer Backskiste im Cockpit einen Gaskasten zu installieren. Mit dem 3-D-Drucker wurden bereits eine Klappe und ein Einbaurahmen erstellt und aus Sperrholz ein Kasten gebaut, in dem die Kartuschen in Zukunft lagern werden. Dieser hat ein leichtes Gefälle, sodass austretendes Gas nach unten ins offene Cockpit strömen würde. Nach innen wird der Kasten natürlich gasdicht eingeklebt, sodass kein Gas in die Backskiste entweichen kann.

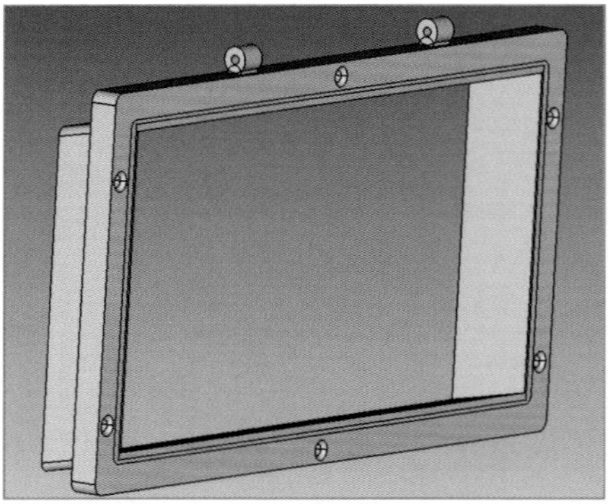

Die Klappe für den Gaskasten wurde mit dem 3-D-Drucker hergestellt und mit 2-K-Lack mit dem Air-Brush-System lackiert. Der Gaskasten soll im nächsten Winterlager eingebaut werden.

4.5 Trinkwasserversorgung

Im Vorschiff meiner *Hurley* befand sich ein einlaminierter Wassertank, der mit einem abnehmbaren Deckel versehen war. Dieses Wasser wurde mit einer Handpumpe zum Waschbecken in der Kombüse befördert. Das Abwasser wird in einem Kanister gesammelt.

Nachdem ich den Deckel des Tanks demontiert hatte, hielt sich meine Begeisterung in Grenzen, diesen weiterhin als Frischwassertank zu verwenden. Da ich diesen Platz sowieso für das vorgesehene Bugstrahlruder verwenden wollte, wurde der Tank mit Flex und Dreieckschleifer ausgeschnitten und entsorgt. An seiner Stelle wurde ein kleinerer, flexibler Tank mit 55 Litern Fassungsvermögen eingebaut. Der Behälter besteht aus nicht giftigem PVC und ließ sich mit vorhandenen Ösen leicht, sicher und rutschfest montieren. Das Entnahmeventil war bereits eingebaut, die Entlüftungs- und Befüllungsventile wurden vor Ort an der gewünschten Stelle eingesetzt. Alle Schläuche wurden durch neue Verbindungen ersetzt. Da die alte Handpumpe bereits leckte, sollte der Komfort mit einer Druckwasserpumpe verbessert werden. Um diese zu befestigen, wurde von innen an der Bordwand eine Sperrholzplatte festlaminiert. Zusätzlich wurde in die Druckleitung ein Aktivkohlefilter eingebaut. Dieser filtert Schwebstoffe bis 5 Micron und entfernt chemische Verunreinigungen wie Chlor oder Phosphate. Diese Filter sind unter Experten nicht unumstritten, da einige der Meinung sind, dass sich dort erst recht Bakterien ansammeln. Daher wird bei mir der Filter jeweils zu Beginn der Saison ausgewechselt.

Getrunken wird das Wasser aus dem Tank ausschließlich abgekocht. Es dient im Wesentlichen zum Abwaschen, Zähneputzen und zur Katzenwäsche.

Der 40 Jahre alte Trinkwassertank war einlaminiert und wurde vollständig entfernt.

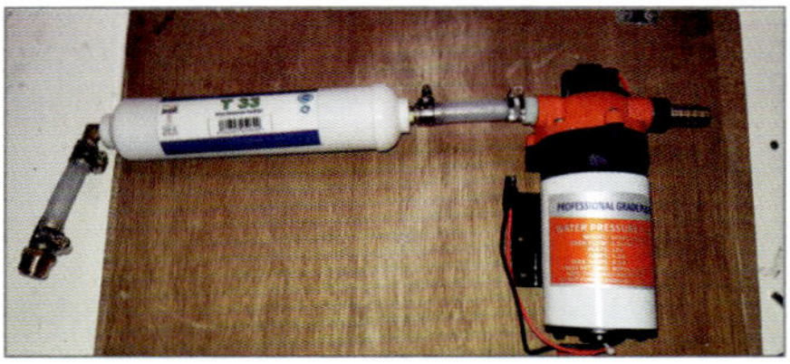

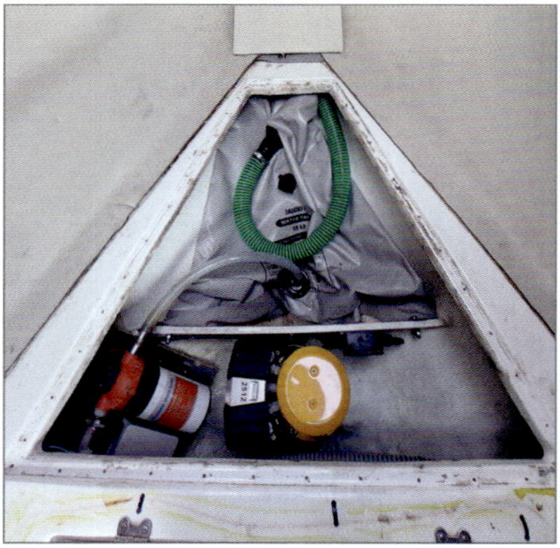

Für die Trinkwasserversorgung wurde eine Druckwasserpumpe sowie ein Aktivkohlefilter eingebaut. Im vorderen Teil wurde ein flexibler PVC-Tank installiert.

4.6 Polster und Gardinen

Wie man sich bettet, so liegt man. Die bestehenden Polster waren mehr als durchgelegen und um das hellbraune Kunstleder war es nicht schade. In diversen Foren wird empfohlen, für die Neuerstellung der Polster neue Schablonen anzufertigen. Dieser Aufwand erschien mir jedoch zu hoch und mein laienhaftes Auge sagte mir, dass die Form ja noch grundsätzlich stimmte. Daher habe ich mir einen Raumausstatter gesucht, der mir anhand der alten Muster neue Polster anfertigen konnte. Der Schaumstoff sollte um einiges härter und für die Bedingungen an Bord geeignet sein. Für den neuen Bezug wurde mir von Kunstleder abgeraten, da das Material nicht besonders angenehm ist, um darauf mit nackten Beinen zu sitzen. Ich habe mich für besonders strapazierfähigen Markisenstoff in dunkelblau entschieden, der auf der Unterseite mit Reißverschlüssen versehen wurde. Somit lassen sich die Bezüge bei Bedarf abnehmen und in die Waschmaschine stecken. Die Wahl erwies sich bisher als äußerst praktisch und zum Glück passen alle Polster an ihren vorgesehenen Ort.

Die einzige Funktion, die die vorhandenen rosa Gardinen noch erfüllten, war, als Muster für neue zu dienen. Ich hatte das Glück, dass in meiner Familie jemand professionell mit der Nähmaschine umgehen kann, sodass ich mich nur noch für den passenden Stoff entscheiden musste. Die Gardinenschienen waren ursprünglich auf der Decke aufgesetzt, was nicht besonders schön aussah. Da ich die Deckenverkleidung sowieso erneuert habe, konnte ich die Verkleidung etwas schmaler einbauen, sodass die Gardinenschienen nun wunderbar versenkt werden konnten.

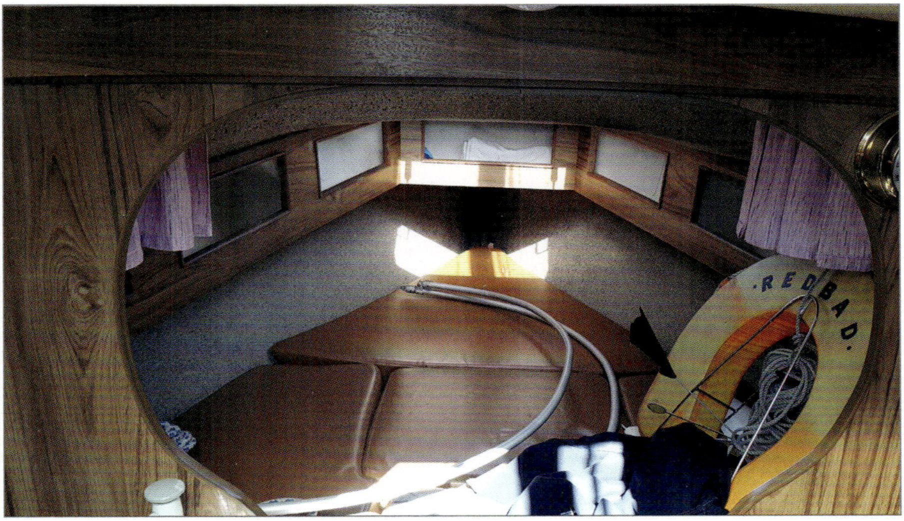

Die Polster und Gardinen wurden nach meinen Wünschen von einem Raumausstatter auf Maß angefertigt.

4.7 Kojenheizung

An Bord meiner *Hurley* gibt es keine Heizung, sodass es in der Übergangszeit, besonders nachts frisch werden kann. Ein elektrischer Heizlüfter bringt nur kurzzeitig etwas Wärme. Den gesamten Raum zu Heizen ergab wenig Sinn. Daher entstand die Idee, wenigstens die Kojen und Sitzflächen etwas anzuwärmen. Im ersten Anlauf wurden hierfür 230-V-Heizkabel unter den Kojen eingeklebt und über ein Raumthermostat gesteuert. Diese Lösung erwies sich jedoch als unzufriedenstellend, da die Polster zu sehr isolierten und es unter diesen zu einem Hitzestau kam. Von unten wurden die Polster angebrutzelt und oben kam zu wenig Wärme an.

Der zweite Anlauf sollte mit Infrarot-Heizfolie erfolgen. Diese verfügt über Karbon-Heizelemente mit einer größeren aktiven Heizfläche. Sie erzeugen gleichmäßige Wärme in niedrigem Temperaturbereich von circa 30° C. Die Hundekoje an Backbord hat das größte Polster. Daher musste diese als Testkandidat herhalten. Die gewählte Heizfolie hat eine Breite von 0,5 m und ist 1 m lang. Die Stärke beträgt zwar nur 0,4 mm, aber zum Liegen ist sie trotzdem zu unbequem. Deshalb wurde das Polster in der Mitte aufgeschnitten (ein elektrisches Brotmesser erwies sich als geeignetes Werkzeug), die Heizfolie eingelegt und das Polster an den Rändern mit Sprühkleber wieder verklebt. Anschließend verschwand alles wieder im Bezug, sodass von außen keine Veränderung zu sehen ist. Wenn man sich auf das Polster setzt merkt man, dass dort etwas im Schaumstoff enthalten ist, aber es stört nicht weiter. Die Leistungsaufnahme beträgt 130 W/m², für dieses Polster also etwa 65 W. Das entspricht einer Stromentnahme von 5 A aus meinem 12-V-Netz. Da die Polster für die übrigen Kojen etwas schmaler sind, wurden dort nur Heizmatten mit einer Breite von 0,3 m ausgewählt. Somit reduziert sich ihre Leistung auf 43 W bzw. die Stromaufnahme auf 3,5 A. Jede Koje kann einzeln geschaltet werden und eine kleine Zeitschaltuhr stellt die Kojenheizung nach einer vorgegebenen Zeit automatisch ab.

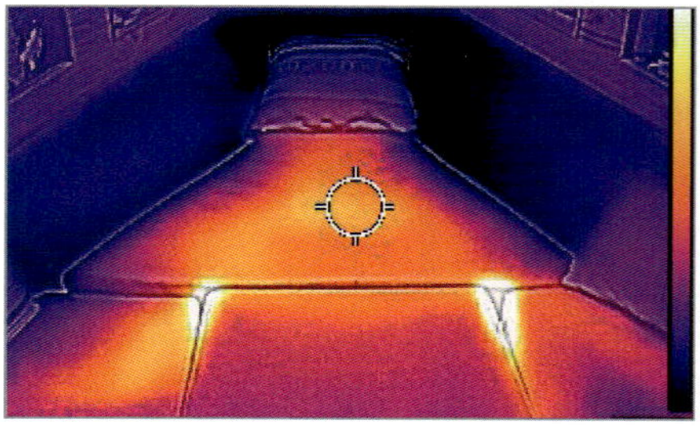

Kojenheizung wurde im ersten Anlauf mit 230-V-Heizkabeln realisiert (siehe Bilder), mittlerweile bin ich jedoch auf 12-V-Infrarot-Heizfolien umgestiegen.

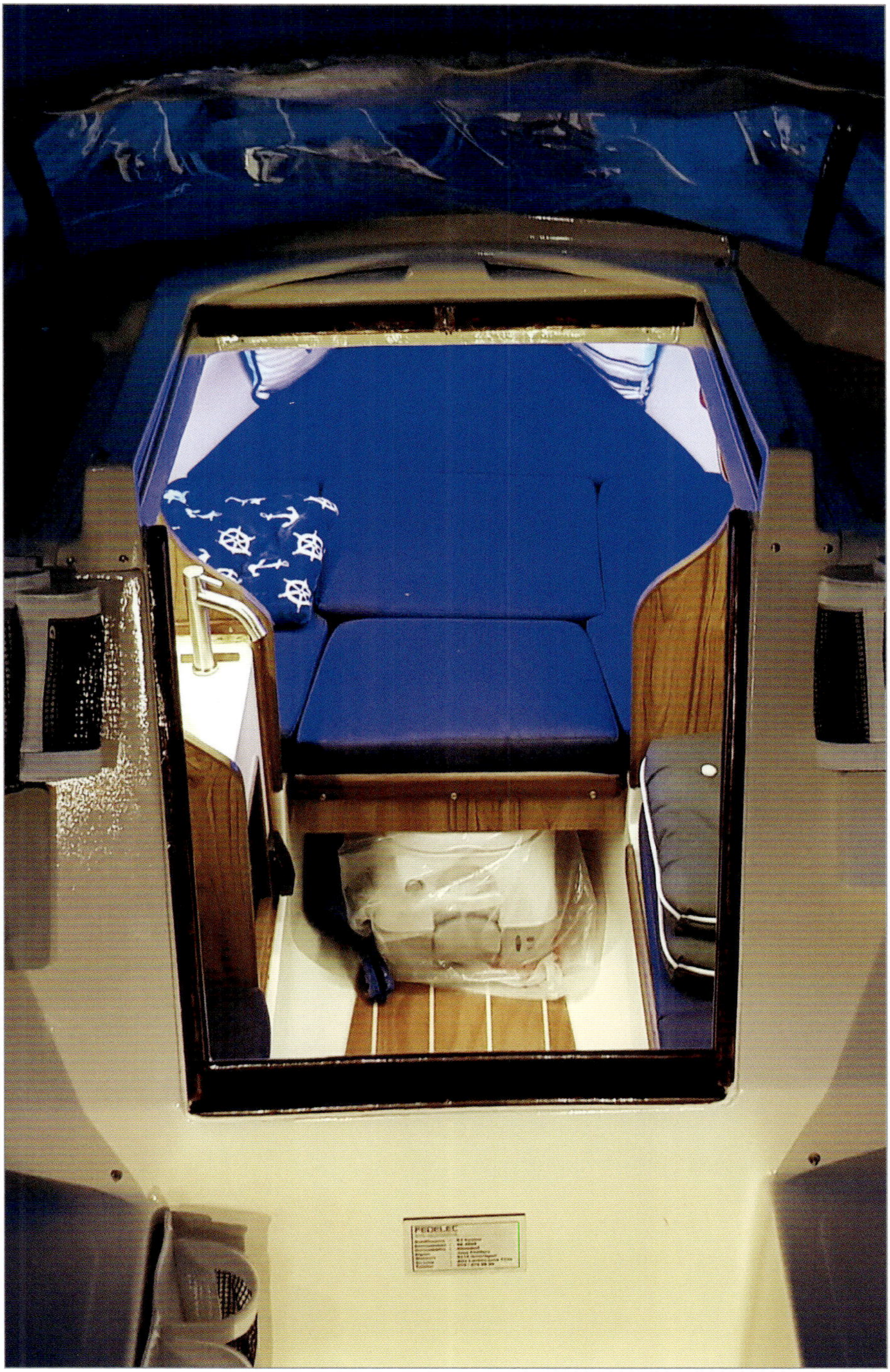

5 Unter Segeln

Segeln ist eine Wissenschaft für sich, mit der ganze Bibliotheken gefüllt werden können. Es gibt Wassersportkameraden, die eine Regatta als eröffnet sehen, sobald ein weiteres Segel auf dem Wasser in Sicht kommt. Dann wird geguckt, getrimmt, verstellt und korrigiert bis zum Abwinken, um schneller zu sein oder mehr Höhe laufen zu können. Wenn man diese Kampfsportart beherrscht, ist es mit Sicherheit höchst befriedigend, das letzte Quantum aus den Segeln und dem Schiff rauszuholen. Um ehrlich zu sein, bin ich in dieser Hinsicht eher gemütlich unterwegs und sehe keine Notwendigkeit, mich mit anderen auf dem Wasser zu messen. Das mag an meinem limitierten Regattaerfolg liegen: mein maximaler Podestplatz war in jungen Jahren der dritte Platz in einer Optimisten-Regatta. Dies lag jedoch daran, dass in meiner Klasse nur drei Boote gestartet waren.

Trotzdem mag ich es, wenn es kräftig pustet, und ich finde es äußerst spannend, unter Segel hoch am Wind die Rumpfgeschwindigkeit zu erreichen. Meine Hurley wurde besonders für wilde Umstände der englischen Küstengewässer gebaut. Wenn andere anfangen zu reffen oder bereits die Segel streichen, fängt für mich und mein Boot der Spaß erst an. Das mag daran liegen, dass mir das Wissen und die Geduld fehlen, bei Leichtwind das Beste rauszuholen und an dem kontinuierlichen Zuwachs der Ausrüstung, der damit für immer mehr Tiefgang sorgt. Ich werde mich daher nicht auf das Glatteis begeben, mein angeeignetes Halbwissen über das Segeln in diesem Buch zu teilen. Dafür gibt es mit Sicherheit bessere Literatur. Trotzdem stand ich vor der Entscheidung, mir ernsthaft Gedanken über neue Segel

Inventur der Schätze aus der Segellast.

zu machen. Die Tücher, die ich mit dem Schiff übernommen hatte, waren bereits sichtlich gealtert und man musste kein Profi sein, um festzustellen, dass ihre Erscheinungsform am Mast mit einem Profil sehr wenig zu tun hatte. An Bord fand ich ein Großsegel, eine Genua, eine Fock, eine Sturmfock sowie einen Blister.

Der Blister war am besten erhalten und ist ein sehr praktisches Segel für Vorwind- oder tiefe Raumschotkurse. Er wird wie die Fock und die Genua mit Reitern am Vorstag gefahren und dann nach beiden Seiten mit jeweils einer Schot getrimmt. In dieser Konstellation hatte ich meinen Geschwindigkeitsrekord von 7 kn erreicht, weit oberhalb der Rumpfgeschwindigkeit. Bei Raumschotkursen kann das Segel komplett auf eine Seite genommen werden und das Boot erreicht so immer noch Geschwindigkeiten von mehr als 5 kn.

Die Sturmfock hat sich bereits bestens bei 5 Bft und mehr bewährt. Bei so viel Wind ist das Profil vielleicht nicht mehr so entscheidend, sondern eher die Tatsache, die Segelfläche zu verringern, um die Krängung zu reduzieren.

Bei der Fock stellte mein Segelmacher die provokante Frage, ob sie überhaupt zu dem Schiff gehören würde. Da ich mein Boot damit trotzdem bewegen konnte, sind meine Segelkenntnisse vielleicht doch nicht so schlecht wie ich dachte. Ob mein Segelmacher diese Auffassung teilt, bin ich mir nicht sicher.

Dann gibt es noch eine blau-weiß gestreifte Genua, die aufgrund ihrer Farbkombination den Spitznamen *Pyjama* bekommen hat. In der Tat bewegt sich meine Hurley damit nicht nur seitlich, sondern auch vorwärts. Spätestens ab 12 kn Wind muss diese durch die Fock oder Sturmfock abgelöst werden, da das Boot sonst nur noch Lage macht und wenig Vortrieb hat.

Zum Abschluss bleibt noch das Großsegel, das anscheinend schon bessere Zeiten erlebt hat. Flecken durch unsachgemäße Lagerung stören vielleicht eher kosmetisch. Ein Segelbauch, der sich wie ein nasser Sack kaum noch trimmen lässt, kann von dem besten Segelmeister nicht mehr in Form gebracht werden.

Genua und Großsegel haben ihre besten Zeiten bereits hinter sich.

Der Blister funktioniert optimal auf Vorwindkursen ...

... kann auf raumen Kursen aber auch auf einer Seite gefahren werden.

Ich hatte das Bedürfnis, mir einen neuen, passenden Satz Segel anfertigen zu lassen. Somit fällt zum einen die Ausrede weg, dass mein mangelnder Regattaerfolg an dem schlechten Material liegt und zum anderen sollte der Spaß am Segeln erhöht werden.

5.1 Segel aus dem Internet

Mir ist bewusst, dass ich mich auf ganz dünnes Eis begeben habe: Kann man vernünftige Segel einfach im Internet bestellen? In meiner grenzenlosen Aufopferung für die gute Sache habe ich diesen Selbstversuch gestartet.

Die Firma *PrimeSails* aus Hamburg ist laut eigenen Angaben der erste Anbieter, der als Segelmacher exklusiv online arbeitet. Die Webseite machte einen guten Eindruck und der telefonische Kontakt verlief gut, mein Telefonpartner wirkte sehr kompetent. Da weiß einer, wovon er redet.

Meine erste Aufgabe bestand darin, jeweils für das Vor- und das Großsegel ein umfangreiches Maßblatt auszufüllen. Die Aufgabenstellung war detailliert erläutert, was das Ausfüllen vereinfachte. Zusätzlich wurden diverse Fotos und Detailaufnahmen eingereicht.

Die Digitalisierung ist auch bei dem Segelmacher eingezogen, sodass auf Basis meiner Angaben die neuen Segel mit der Segeldesign-Software *Smar Azure* berechnet wurden. Die Bilder meiner zukünftigen Segel wurden mir kurz darauf zur Prüfung zugeschickt. Für mich sah das bereits gut aus, aber ich bin ja kein Profi. So wurden die Entwürfe von einem begeisterten Regattasegler in meinem Bekanntenkreis kritisch geprüft und für gut befunden.

Neben den geometrischen Abmessungen der Segel, die weitestgehend durch die Gegebenheiten an Bord vorgegeben sind, gibt es diverse Segelschnitte, wie die Tücher aus einzelnen Bahnen zusammengesetzt werden. Dies hat einen Einfluss auf den Kräfteverlauf, das Einsatzgebiet, die Größe des Bootes sowie die Ansprüche an die zukünftige Regattaplatzierung. In meinem Fall kam der Horizontalschnitt (Cross Cut) zum Einsatz. Bei diesem Schnitt verlaufen die Bahnen horizontal vom Achterliek zum Vorliek. Mein Segelmacher hat mir versprochen, dass sich dieser Schnitt gut profilieren lässt, und das Achterliek effektiv reguliert werden kann. Es ist ein bewährter, haltbarer und aktueller Schnitt.

Noch größer ist die Auswahl der möglichen Segelmaterialien. Neben diverser Spezialtücher, ist *DACRON*® auf PET-Basis ein weit verbreitetes Material, da es für einen universellen Einsatzbereich entwickelt wurde und einen guten UV-Schutz bietet. Bei meinen Recherchen durfte ich lernen, dass es große Qualitätsunterschiede gibt. Die einzige Gemeinsamkeit bei *Dacron*-Segeln aus unterschiedlichen Tuchqualitäten ist die Tatsache, dass sie wirklich gut aussehen, wenn sie neu sind. Während gute Dacron-Segel Jahr für Jahr zuverlässig ihre Dienste leisten, wird die untere Bandbreite nicht einmal eine Saison überstehen, da sie sehr schnell ihre Stabilität verlieren. Mein neues Großsegel wurde aus *High Tenacity Dacron* und die Genua aus *Premium Cruise Dacron* gefertigt. Zu welcher Qualitätsgruppe sie gehören, wird die Zukunft zeigen, ich hoffe natürlich, zu der oberen.

Auf dem Internetportal war nicht zu entdecken, wo die Segel gefertigt wurden. Es heißt dort, dass eine Produktionsstätte verwendet wird, die seit 20 Jahren auf dem Markt ist und nach neuesten Methoden produziert. Erst im telefonischen Gespräch habe ich erfahren, dass diese in China liegt. Irgendwie muss der relativ günstige Preis ja eine Ursache haben. Grundsätzlich gibt es daran nichts zu meckern, fast unsere gesamte Kleidung wird in Asien gefer-

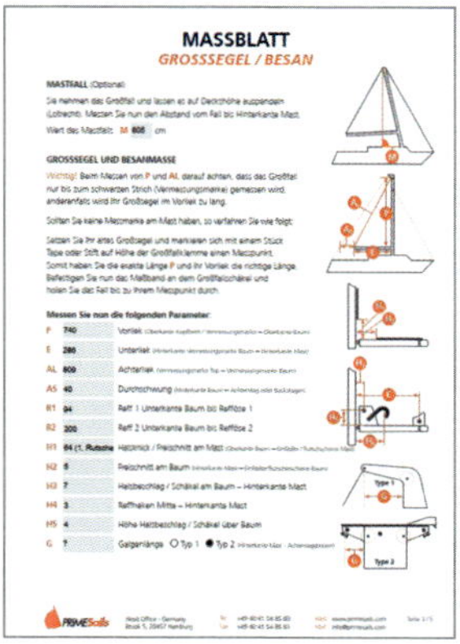
MASSBLATT
GROSSSEGEL / BESAN

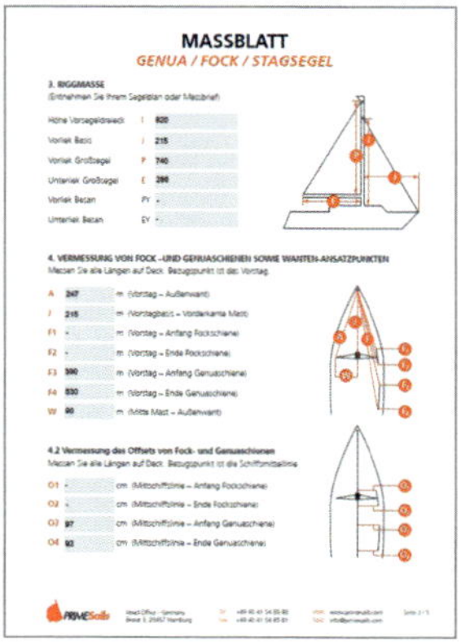
MASSBLATT
GENUA / FOCK / STAGSEGEL

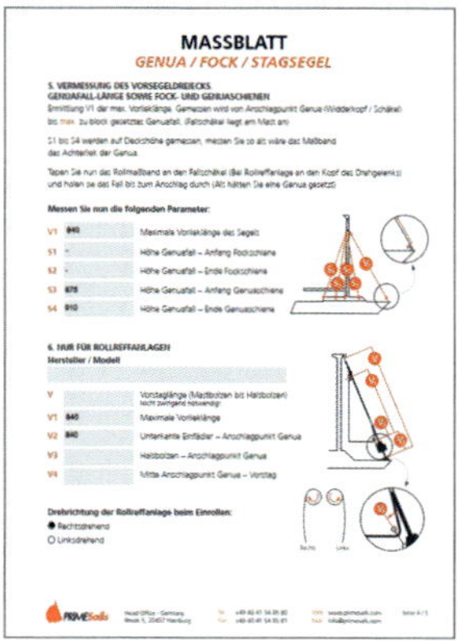
MASSBLATT
GENUA / FOCK / STAGSEGEL

Maßanfertigung bedeutet zuerst messen: zwar nach detaillierter Anleitung aber dennoch auf eigenes Risiko. [Quelle: PrimeSails]

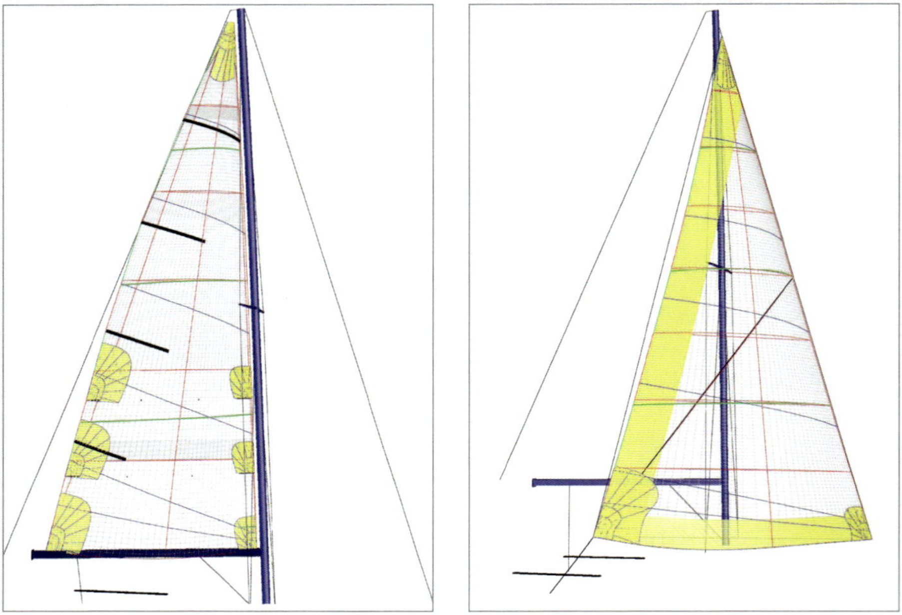

Computersimulation vom neuen Groß- und Vorsegel. [Quelle: PrimeSails]

tigt. Meine Geduld wurde jedoch deutlich strapaziert, da die prognostizierten Lieferzeiten bei weitem nicht eingehalten wurden. Unter Vorbehalt wurde die Lieferung in vier bis acht Wochen angekündigt, fünf Monate nach der Auftragserteilung war von den Segeln noch keine Spur zu sehen. Eine Verkettung unterschiedlicher Ereignisse hat zu dieser dramatischen Verzögerung geführt. China befand sich über Monate in einem strengen Lockdown und die gesamte Logistik von und nach China war stark beeinträchtigt. Letztendlich hatte der Inhaber von *PrimeSails* die Notbremse gezogen und die Produktion nach Tunesien ausgelagert. Meine Segel waren anscheinend einer der ersten Aufträge, die dort für dieses Unternehmen gefertigt wurden.

Nach sieben Monaten war es dann endlich so weit, und das ersehnte Paket stand vor der Tür. Die Segel waren in soliden Seesäcken eingepackt und warteten nur darauf, endlich an Bord kommen zu dürfen. Zuerst habe ich das Vorsegel angeschlagen und gehisst. Die Genua 2 ist schon ein großes Tuch. Trotzdem ließ sie sich mit der Rollreffanlage gut einrollen, sodass der am Achterliek angebrachte, dunkelblaue UV-Schutz das gesamte Segel abdeckte. Noch ist das Segel etwas sperrig, aber das wird sich mit Sicherheit nach ein paar Mal Ein- und Ausrollen geben. Beim Großsegel mussten noch die Segellatten eingebracht werden, dann konnte es auch hier nach oben gehen. Auch dieses Segel schien zu passen. Da ich meinen Mast um 13 cm gekürzt hatte (siehe Kapitel 5.3.2), wollte ich mit dem neuen

Endlich sind sie da, die neuen Tücher!
Sie wurden umgehend an Bord angeschlagen und erprobt.

Segel meinen Baum etwas nach oben verstellen. Diese Taktik hat funktioniert. Erleichtert konnte ich feststellen, dass ich anscheinend keinen Fehler beim Aufnehmen der unterschiedlichen Maße gemacht habe.
Ein erster Ausflug bei Leichtwind hat zumindest das Boot bewegt. Die an den Segeln befestigten Spione sind gut sichtbar für den Segeltrimm. Nach einer Feinjustierung der Holepunkte und Spannungen der Vor- und Unterlieks durch einen erfahrenen Segelfreund, konnte ein deutlich besseres Segelverhalten festgestellt werden. Meine Ausrede, dass das alte Material zu meinem begrenzten Regattaerfolg geführt hatte, hat sich somit in Luft aufgelöst.

Rückblickend ist das Bestellen der Segel im Internet ein Risiko. Das Design basiert auf meinen eigenen Messungen, auch wenn der Segelmacher, gestützt von seiner breiten Erfahrung und diversen Fotos, die Plausibilität recht gut abschätzen konnte. Die unkalkulierbaren Lieferzeiten haben die Freude an dem vermeintlichen Schnäppchen deutlich getrübt. Trotzdem passen die Segel für mein Schiff erstaunlich gut – Glück gehabt.

Eine Rollfockpersenning wird über ein Fall zum Schutz des Segels gezogen. Das Großsegel wird mit einer Baumpersenning geschützt. Somit sind die Segel sehr schnell einsatzklar und müssen nicht ständig neu angeschlagen werden.

5.2 Schutz der Tücher

Auch im ungenutzten Zustand altern die Segel. Um lange Freude an den neuen Segeln zu haben, sollten diese gegen mechanische Beschädigung und UV-Licht geschützt werden. Es muss verhindert werden, dass die Segel z. B. durch Salingnocken, nicht abgetapte Splinte, scharfkantige Blöcke an den Backstagen oder andere scharfkantige Beschläge beschädigt werden. Diejenigen Stellen des Tuches und der Nähte, die an den Salingen oder Wanten scheuern können, sollten durch Patches auf beiden Seiten geschützt werden. Ferner sollte vermieden werden, das Leinen an den Segeln scheuern.

Meine neue Rollgenua wurde mit einem aufgenähten UV-Schutz an den Lieken ausgerüstet, damit das Segeltuch bei Nichtgebrauch geschont wird. Die UV-Strahlung macht Tuch und Garn im Laufe der Zeit brüchig und porös. Mit Baumpersenning und UV-Schutzschlauch bzw. Rollfockpersenning lässt sich der schädliche Einfluss reduzieren. An der Mastspitze habe ich hierfür eine Leine angeschlagen, mit der der Schlauch nach oben gezogen wird und durch einen robusten Reißverschluss wird er geschlossen.

5.2.1 Baumpersenning selbst genäht

Wird das Großsegel nicht verwendet, so sollte es durch eine Persenning abgedeckt werden. Diese gab es bei mir an Bord, jedoch in zweifelhaftem Zustand. Daher startete ich das Projekt »Das tapfere Schneiderlein«, um eine neue Abdeckung anzufertigen. Auf dunkelblauem Markisenstoff wurden mit Kreide die äußeren Konturen der alten Persenning aufgetragen und umlaufend um circa 2 cm erweitert, um Material für das Zusammennähen zu haben. Anschließend wurden die beiden Stoffbahnen ausgeschnitten und auf der Innenseite mit Stecknadeln provisorisch befestigt. Mit der Nähmaschine wurden jeweils zwei Nähte nebeneinander platziert und am Kopf ein Reißverschluss eingenäht. Zur Befestigung mussten noch Öffnungen mit einem Locheisen gestanzt und Edelstahlösen eingepresst werden.

Die Tätigkeit konnte an einem Nachmittag leicht umgesetzt werden und erfüllt heute noch ihren Dienst. Eine neue Baumpersenning in dieser Größe kostet im Bootszubehörgeschäft etwa 250,- €.

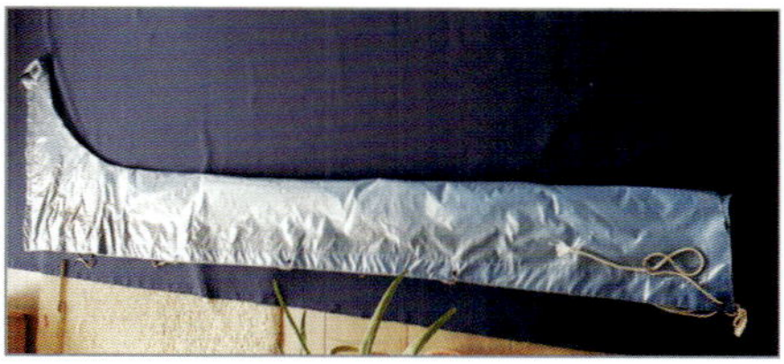

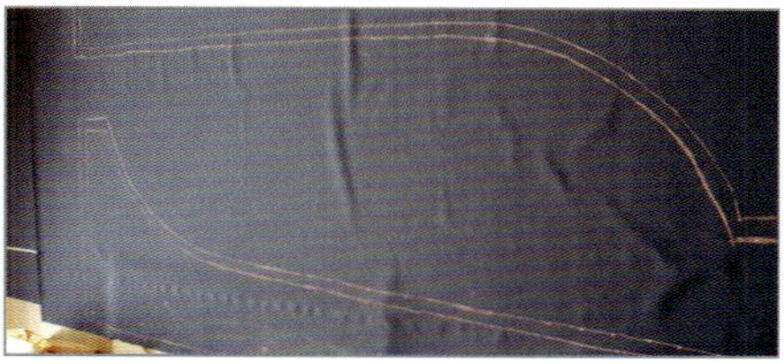

Anhand der alten Persenning wurden die äußeren Konturen auf den Stoff übertragen. Nach Zugabe von jeweils ca. 20 mm wurden die Stoffstücke ausgeschnitten.

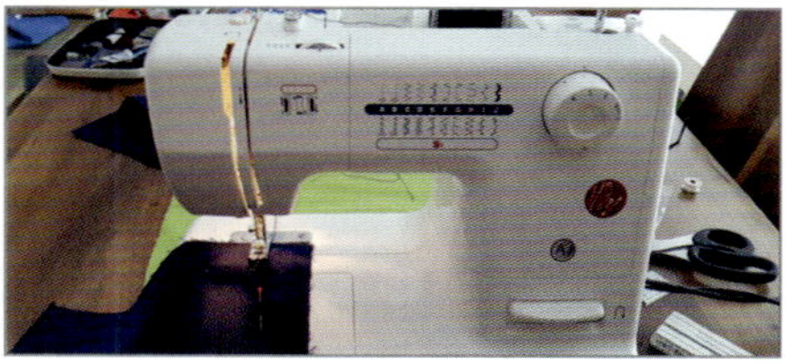

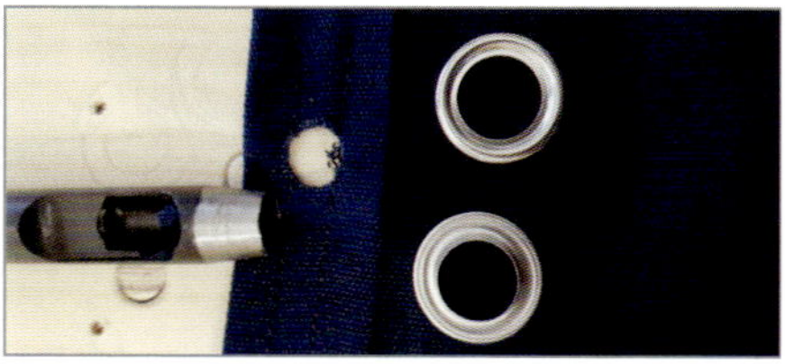

Die Stoffe wurden doppelt vernäht. Für die Ösen wurden mit dem Locheisen Öffnungen eingeschlagen und die Ösen anschließend verpresst.

5.3 Mast

Der Mast ist auf einem Segelschiff die markanteste Einrichtung, da dieser mit mindestens der gesamten Schiffslänge in den Himmel ragt und ordentlich befestigt werden muss. Die Kräfte, die unter vollen Segeln hier wirken, sind enorm und müssen beherrscht werden.

Auf Segelbooten wird der Mast häufig durch den Aufbau durchgesteckt und am Schiffsboden verankert. Dadurch werden die Kräfte direkt in den Rumpf geleitet. Dies führt jedoch zu der ungewünschten Pool-Dance-Stange, die unter Deck im Weg steht. Zusätzlich ist die Abdichtung des Masts häufig eine kritische Aufgabe. Bei meiner *Hurley* ist der Mast zum Glück auf den Aufbau aufgesetzt. Somit mussten der Aufbau und das Deck deutlich stabiler ausfallen, doch unter Deck ist gerade auf einem kleinen Schiff spürbar mehr Platz.

5.3.1 Klappvorrichtung Mast

Da der Mast an Deck drehbar gelagert ist, kann dieser gekippt werden. Das ist in meinem Revier von besonderer Bedeutung, da Ober- und Untersee mit einer Brücke verbunden sind, unter der ich mit stehendem Mast nicht durchfahren kann. Hier ist die Brücke etwa einen Meter zu niedrig. Auf Höhe der Saling habe ich am Mast einen Edelstahldraht befestigt. Ein weiterer wird bei dem Manöver am Vordeck angeschlagen und über die Reling am Vorschiff umgelenkt. Beide Enden sind mit einer Talje verbunden, die auf einer Winde im Cockpit gefahren wird.

Nachdem das Vorstag und die nach voraus zeigenden Wanten gelöst wurden, kann nun aus dem Cockpit der Mast sehr dosiert angekippt werden und anschlie-

Da der Mast an Deck aufgesetzt und dort drehbar gelagert ist, kann ich ihn über eine Abfangkonstruktion während der Fahrt etwas kippen und selbstständig wieder aufrichten. Das ist für die Brückenpassage in meinem Heimatrevier entscheidend.

ßend mit der Winde wieder in die senkrechte Position zurückgebracht werden. Dieses Manöver kann mit nur einer Person an Bord durchgeführt werden.

5.3.2 Abenteuer Mastbruch

Geschichten, die mit einem Mastbruch enden, sind häufig das Ergebnis eines großen Abenteuers. Bilder eines wilden Sturms und rauer See laufen unverzüglich im Kopfkino ab. Bei mir war der Mastbruch unspektakulär und das Abenteuer fand anschließend statt.
Mein Mast ist an Deck drehbar gelagert und ich hatte ihn für Wartungszwecke gelegt. Mit meiner Mastlegevorrichtung konnte ich ihn aus dieser Position nicht mehr selbst aufstellen und bin daher zu meiner Heimatmarina gefahren, da diese über einen großen Kran verfügt. Ein Werftmitarbeiter war sofort zur Stelle und hat den Auftrag zum Maststellen dankend entgegengenommen. Eine Routinearbeit, die bei meinem Schiff mehrmals im Jahr durchgeführt wird. So wurde, wie sonst auch, auf Höhe der Saling ein Hebegurt befestigt und der Mast behutsam angehoben. Diverse Drahtseile für die Wanten und Stagen waren noch am Mast angeschlagen und hingen lustlos herunter. Plötzlich ist mir aufgefallen, dass sich das obere Ende des Mastes ungewohnt gebogen hatte, und ich habe den Kranführer unverzüglich gebeten, den Hebevorgang zu stoppen. Gesagt, getan und er inspizierte mit wissendem Blick die Situation. Da er nicht direkt erkennen konnte, ob und wo sich möglicherweise etwas verhakt hatte, setzte er den Hebevorgang fort – bis es knallte und der Mast kurz oberhalb der Saling brach. An diesem 11. September war die Saison für mich und mein Schiff vorzeitig beendet.

Eigentlich war die Schuldfrage für mich eindeutig und die Haftpflichtversicherung der Marina organisierte in wenigen

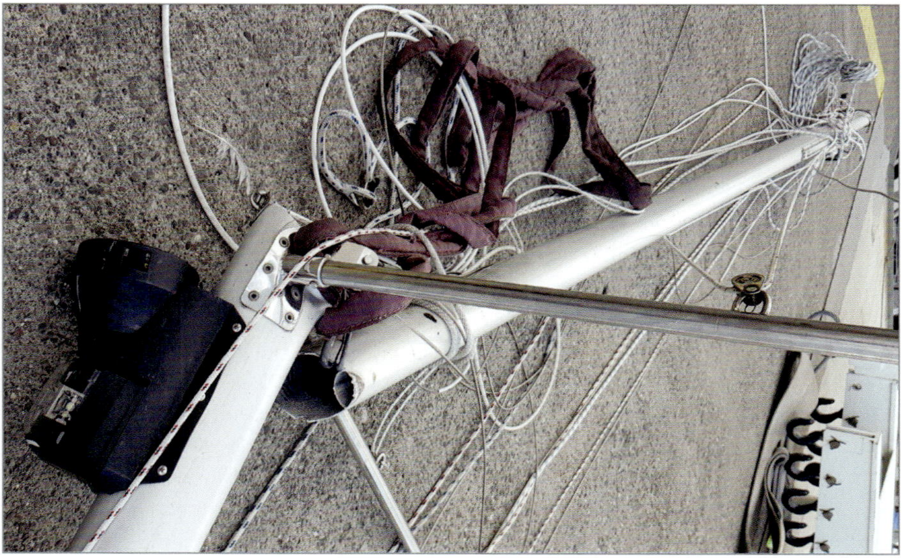

Bilder, die die Welt nicht braucht: ein Mastbruch ist ein Horror-Szenario für jeden Skipper.

Tagen einen Sachverständigen, der den Schaden begutachten sollte. Mein Mast ist aus Aluminium, an dem diverse Edelstahlbeschläge befestigt sind. Dies verursacht bekanntlich galvanische Korrosion, wobei das unedlere Material geopfert wird; bei dieser Materialkombination also das Aluminium. An der Stelle, wo der Mast gebrochen war, befand sich ein Edelstahlbeschlag und es war sichtbar durch Korrosion zu einem punktuellen Materialabtrag gekommen. Dies führte beim bestellten Gutachter zu der Einschätzung, dass die Werft alles richtig gemacht habe und der Mast wegen Altersschwäche abgebrochen sei. Es folgten mehrere Wochen Schlagabtausch über Hebelgesetzte, Stabilität von Profilen und endlose Diskussionen, bis die Versicherung eingesehen hat, dass die Argumentation ihres Gutachters physikalisch unmöglich ist und wir uns geeinigt hatten, einen weiteren Sachverständigen hinzuzuziehen. Innerhalb von einer Woche kam dann der Vorschlag, einen signifikanten Anteil der Kosten zu übernehmen. Das natürlich aus reiner Kulanz und ohne Anerkennung irgendeiner Schuld. Ich habe mich sehr gewundert, wie es zu so einer signifikanten Fehleinschätzung kommen konnte. Als ich erfuhr, dass der bestellte Sachverständige vorher bei der gleichen Versicherung Leiter der Schadensabwicklung war, wurde mir einiges klarer.

Das Mastprofil meiner *Hurley* war nicht mehr verfügbar und ich erhielt ein Angebot für einen neuen Mast, das das verfügbare Budget erheblich überschritt. Da hätte ich mein Schiff zusätzlich in Zahlung geben müssen. Also bin ich auf dem Gebrauchbootmarkt auf die Suche gegangen und fand tatsächlich eine weitere *Hurley 700*, die verzweifelt auf ihr Refit wartete. Die Verkäuferin konnte sich zuerst nicht mit der Idee anfreun-

Der neue-alte Mast vom Gebrauchtbootmarkt.

den, nur das Rigg zu verkaufen und ich konnte definitiv kein zweites Boot gebrauchen. Schlussendlich einigten wir uns darauf, dass ich nur den Mast zum Preis des Bootes kaufen konnte und der Rest bei der Eignerin blieb. Wer also eine *Hurley 700* zu einem Schnäppchenpreis erwerben möchte, wird vielleicht noch fündig.

Als der Mast schlussendlich neben meiner *Hurley* im Winterlager ankam, musste der Mastfuß noch angepasst werden, da bei den beiden Booten unterschiedliche Konstruktionen verwendet wurden. Nachdem ich den alten Fuß meines neuen Masts demontiert hatte, traten diverse Löcher und korrodierte Stellen zum Vorschein. Es half nichts, aber dieser Teil musste amputiert werden. Schweren Herzens griff ich zum elektrischen Fuchsschwanz und kürzte meinen neuen Mast um 13 cm.

Für die Spitze meines alten Masts hatte ich eine Trägerplatte konstruiert, auf der diverse Antennen, Navigationslichter, eine Windmessfahne und eine Kamera installiert waren. Diese musste nun auf den neuen Mast umziehen und die entsprechenden Kabel durch den Mast gezogen werden.

Für die Befestigung der Blöcke der diversen Fallen waren 6 mm Edelstahlbolzen vorhanden, die in der Vergangenheit deutlich überlastet wurden. Daher habe ich diese Löcher auf 8 mm aufgebohrt und neue Bolzen aus V4A mit Sicherungsring eingesetzt. Die Verbindungsstellen zum Aluminium wurden mit *Tikal Tef-Gel* eingestrichen. Hierbei handelt es sich um eine wasserfeste, auf PTFE basierende Paste, die das Aufblühen von Metall verhindert und zuverlässig vor Korrosion zwischen Aluminium und Edelstahl schützt.

Der neue-alte Mast musste um 13 cm gekürzt werden.

Der Befestigungsstift für das Vorstag wurde anscheinend überlastet und wurde daher durch einen größeren ersetzt. Hierfür wurde die Bohrung aufgebohrt und die Kontaktstellen von Edelstahl und Aluminium mit *Tikal Tef-Gel* geschützt.

5.4 Stehendes Gut: Wanten und Stagen

Damit der Mast sicher an Deck steht und die Kräfte des Windes, der in die Segel pustet, in Vortrieb umsetzen kann, wird er mit Drahtseilen abgespannt. Die zu den Seiten verlaufenden Drähte werden Wanten, und die Abspannung nach vorn und hinten wird Vor- bzw. Achterstag genannt. Ihre Zuverlässigkeit trägt wesentlich zur Sicherheit an Bord bei. Sollte eines dieser Seile reißen, so kann der gesamte Mast herunterkommen und erheblichen Personen- und Sachschaden verursachen. Daher fordern viele Versicherungen mit Recht, dass diese Drahtseile spätestens alle zwölf Jahre vollständig ersetzt werden müssen. Im Gegensatz zum laufenden Gut, also die Leinen, die man regelmäßig in der Hand hält, sieht das stehende Gut aus Edelstahlseilen und Spannern auch nach Jahren noch gut aus. Man kann von außen kaum erkennen, ob es bereits zu Materialermüdung, Haarrissen oder anderen Beschädigungen gekommen ist.

Da ich meinen neuen, alten Mast um 13 cm gekürzt hatte, musste das stehende Gut vollständig erneuert werden. In diesem Zusammenhang durfte ich mich in die wesentlichen Unterschiede der Drahtseile einarbeiten. Neben dem Gesamtdurchmesser unterscheiden sie sich durch ihren Aufbau, sprich die Anzahl der einzelnen Drähte, die miteinander verdrillt sind. Für stehendes Gut wie Wanten und Stagen sind 1 x 19 Drahtseile vorgesehen, die aus 19 verdrillten Drähten bestehen. Hierdurch ergibt sich ein sehr hartes und zugfestes Drahtseil, das nur über große Radien gebogen werden sollte. Aus diesem Grund müssen die Enden mit sogenannten Terminals versehen werden, die mit speziellen Maschinen aufgewalzt werden. Diese gibt es mit Gewinde, Augbolzen oder offenen Gabeln am Ende.

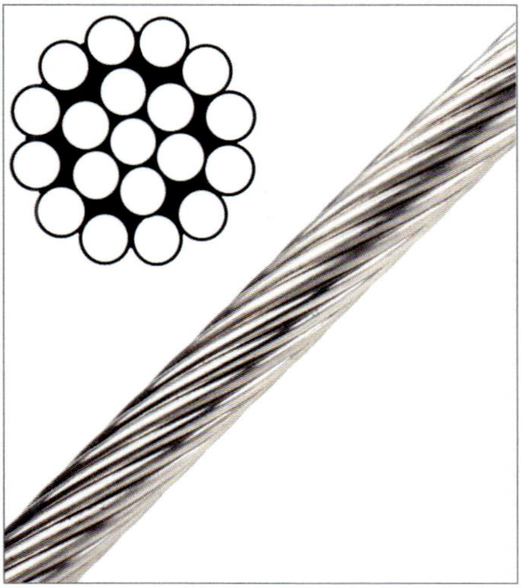

Edelstahldraht 1 x 19 für stehendes Gut.
[Quelle: *Edelstahl 2000*]

Edelstahldraht 7 x 19 ist deutlich flexibler bei geringerer Bruchlast für laufendes Gut.
[Quelle: *SVB*]

Wird ein flexibles Drahtseil zum Beispiel für Fallen oder die Reling benötigt, das auch über enge Radien umgelenkt werden kann, so kommt ein 7 x 19 Edelstahlseil zum Einsatz, das völlig überraschend aus 7 Litzen á 19 feinen Drähten besteht. Bedingt durch die feineren Drähte ist es empfindlicher gegenüber Beschädigungen und hat eine um 40 bis 50 % geringere Zugfestigkeit gegenüber dem 1 x 19 Seil. Bis zu einer Stärke von 5 mm können diese elegant mit *Nicopress*-Hülsen verpresst werden. Die erforderliche Presszange kann im Bootszubehörgeschäft erworben und bei diversen Händlern sogar ausgeliehen werden.

Für meine neuen Wanten und Stagen habe ich großzügig 100 m vom 1 x 19-Drahtseil in 4 mm Stärke sowie einen Stapel Walz-Augterminals geordert. Bei allem Ehrgeiz des Selbermachens habe ich das Maststellen sowie das exakte Ablängen der Drähte und Walzen der Terminals einer Werft überlassen. Diese verfügte nicht nur über das erforderliche Werkzeug, sondern auch über das Wissen und die Erfahrung. Bei sicherheitsrelevanten Themen sollte man seine eigenen Fähigkeiten und Möglichkeiten realistisch einschätzen. Hier gibt es keinen Raum für Experimente!

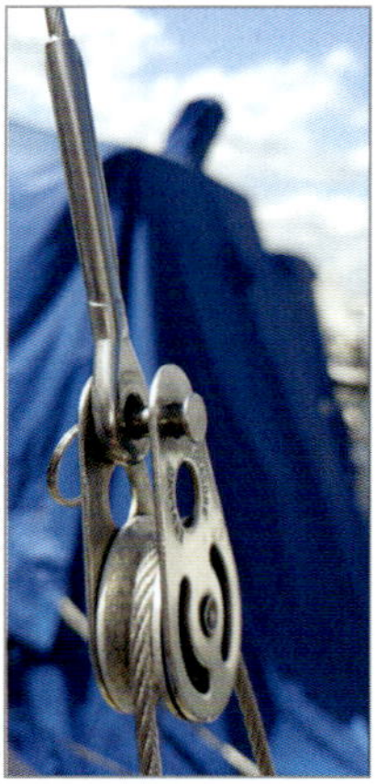

Das neue stehende Gut wurde von einer Werft angefertigt. Ursprünglich waren die Enden mit Kauschen versehen, was wegen der kleinen Radien heute nicht mehr so ausgeführt wird. Auf die Drahtenden wurden Augterminals mit der entsprechenden Maschine gewalzt.

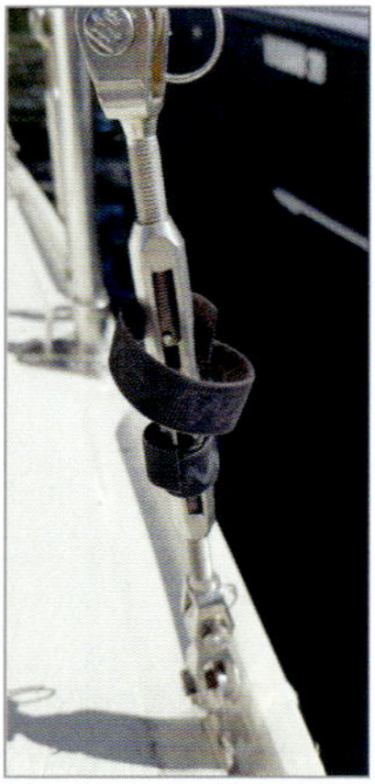

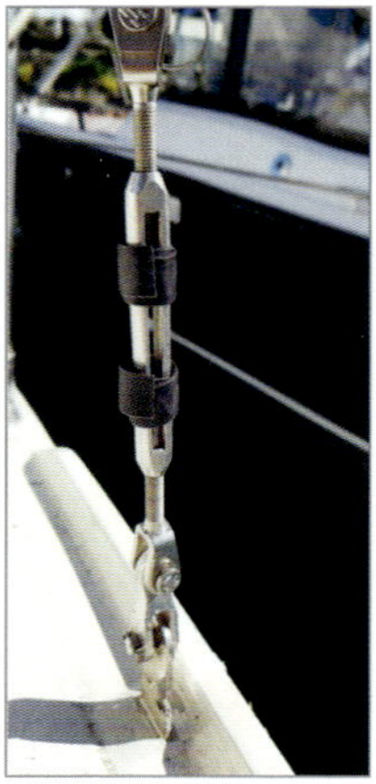

Zur Sicherung von offenen Wantenspanner können Smart Pins eingesetzt werden, die mit Klettverschluss befestigt werden: einfach, aber wirkungsvoll!

Zusätzlich wurden alle Wantenspanner erneuert, die für das Abspannen der Wanten erforderlich sind. Diese gibt es in offener und geschlossener Ausführung sowie in Edelstahl oder in einem Materialmix mit verchromter Bronzehülse. Diese Materialkombination verhindert ein Fressen bzw. Kaltverschweißen, das bei starker Belastung bei Edelstahlgewinden auftreten kann. Zum Abschluss muss sichergestellt werden, dass die Wantenspanner und alle Verbindungen dauerhaft gesichert und keine gefährlichen Scheuerstellen vorhanden sind. Für die Sicherung der offene Wantenspanner habe ich anstatt der üblichen Splinte Smart Pins mit Klettverschluss verwendet, da diese einfach gelöst werden können und beliebig oft wiederverwendet werden können.

5.5 Laufendes Gut: Fallen und Schoten

Zum laufenden Gut zählen alle Seile, die zum Setzen der Segel (Fallen) und zu ihrer Bedienung (Schoten) benötigt werden. Eine wesentliche Größe ist die Bruchlast. Dies ist die maximale Kraft, die im geraden Zug auf ein Seil ausgeübt wird, bis es bricht. Diese darf demnach unter keinen Umständen auftreten. Für Schoten und Fallen rechnen viele Rigger und Ausrüster mit der Formel: Segelfläche x 33 x 3. Dabei sind Segelfläche/qm x 33 die erfahrungsgemäß maximal auftretenden Lasten, z. B. 50 qm x 33 = 1.650 daN, noch multipliziert x 3 als Sicherheitsaufschlag, also 4.950 daN, rund 5.000 kg Bruchlast werden für diese Segelgröße etwa benötigt [Quelle: *www.seileundmeer.de*].

Die sichere Arbeitslast ist die sichere Belastung des Seils im Gebrauch. Je nach Anwendung geben die Hersteller zwischen 20 % und 25 %, manchmal 30 % der Bruchlast als sichere Arbeitslast an.

Spleißen gehört zur guten Seemannschaft und ist mit ein wenig Übung leichter als man denkt.

Ein weiteres Kriterium ist die Dehnung bzw. Arbeitsdehnung, also die Längenzunahme durch Zugspannung. Besonders bei Fallen sollte diese möglichst gering sein, damit die Segel nicht nach und nach durchhängen.
Modernes Fallentauwerk ist aus mehrschichtigem Material gefertigt. Ein Kern trägt die Hauptlast und bestimmt die zentralen Eigenschaften des Fallentauwerks. Dieser Kern wird durch Mantelschichten aus einer weicheren und vor allem UV-beständigen Kunstfaser geschützt. Das erhöht die Griffigkeit und schützt den UV-Licht empfindlichen Kern.
Die Enden der Leinen müssen häufig mit einem Auge oder einer Kausch versehen sein, um sie zum Beispiel am Segel anzuschlagen. Die einfachste Methode, die Leine mit einem Palstek festzuknoten, reduziert die Bruchlast um bis zu 50 % und sollte daher vermieden werden. Mit einem sauber ausgeführten Spleiß verringert sich diese gerade mal um 10 %. Bequeme Skipper kaufen sich konfektionierte Fallen mit vorgefertigten Spleißen. Selbermacher können sich die notwendigen Fertigkeiten schnell aneignen. Der Tauwerkhersteller Liros bietet eine perfekt ausgerüstete Spleißtasche an, mit allem erforderlichen Werkzeug wie Takelnadeln, Hohlspieker, Spleißnadeln und Takelgarn. Auf dem beigelegten USB-Stick findet man eine ausführliche Anleitung. Mit diesem Set bewaffnet habe ich mich an die Erneuerung meines gesamten laufenden Guts gemacht.

5.6 Leinenlast

Die Leinen an Bord sollten bei Nichtgebrauch einfach und griffbereit verstaut werden. In meinem Cockpit habe ich hierfür zwei Backskisten, in der regelmäßig ein Leinenwuling herrschte. Um Ordnung in dieses Chaos zu bringen, musste eine passende Aufhängung konstruiert werden. An den Befestigungsschrauben der Klappe konnte ich zwei Edelstahlwinkel befestigen, die ich mit einem Aluminium-Vierkantrohr verbunden habe. An diesem wurden jeweils an der Vor- und Rückseite zwölf Garderobenhaken aus Edelstahl angeschraubt. Die Leinen werden nun sauber aufgeschossen und mit kurzen Spanngurten an den Haken aufgehängt. Somit werden nun alle Leinen und Festmacher sauber in der Backskiste verstaut.

Um die Leinen in der Backskiste zu organisieren, wurde aus Vierkantrohr eine Halterung angefertigt, die an den Scharnieren der Klappe befestigt wurde. So kommt Ordnung in die Leinenlast.

5.7 Pflege der Leinen

Es lässt sich nicht vermeiden, dass die Leinen mit der Zeit schmutzig und unansehnlich werden. Am Ende der Saison genießen diese bei mir ein ausgedehntes Schaumbad. Hierfür werden sie in einen Wäschesack gesteckt und unternehmen mit diesem eine Reise in die Waschmaschine mit Feinwaschmittel. Im Anschluss werden sie zum Trocknen mäanderförmig auf einem Wäscheständer aufgeschossen. Danach sehen sie aus wie neu und können für den Einsatz in der nächsten Saison verstaut werden.

5.8 Winden

Die Großschot sollte vom sitzenden Rudergänger gefiert bzw. dichtgeholt werden können, was bei meiner *Hurley* zum Glück bereits gegeben war, da sich der Traveller in unmittelbarer Griffnähe hinter der Ruderpinne befindet.

Das Vorsegel verfügt über eine Rollreff-Einrichtung, die bequem aus dem Cockpit gehandhabt werden kann. Zum Bedienen der Vorsegelschot befanden sich zwei ältere Winschen Steuerbord und Backbord am Cockpitsüll, sowie zusätzliche Klemmeinrichtungen. Die Vorschot dürfte eines der am meisten benutzen Taue im Segelalltag sein. Auf sie wirken große Kräfte und das Manöver muss für eine erfolgreiche Wende oder Halse flott gehen. Diese Tätigkeiten sollten durch die Schotwinden gut unterstützt werden.

Die Exemplare auf meiner *Hurley* waren mittlerweile gut 40 Jahre alt und

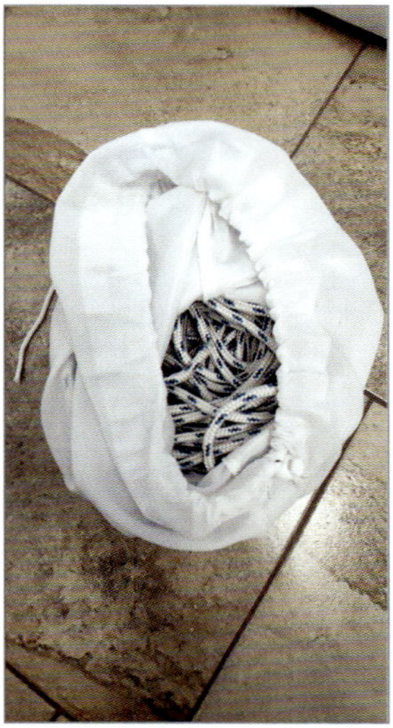

Große Wäsche: Die Leinen kommen am Ende der Saison in einen Waschbeutel und nehmen ein Schaumbad in der Waschmaschine. Anschließend trocknen sie auf dem Wäscheständer und sind wie neu bereit für den nächsten Einsatz.

die Schot musste zusätzlich in einer einfachen Tauklemme gesichert werden. Einen Austausch durch moderne, selbstholende Winden (im Englischen Selftailing Winsch genannt) sah ich als angebracht.
Bei diesen technischen Wunderwerken klemmt eine Krone die Schot ein und hält sie unter Zug, sodass eine Hand frei wird, was dem Einhandsegler sehr entgegenkommt.
Nach diversen Recherchen habe ich mich bei meinem Anwendungsfall für die selbstholende Schotwinde *FS12* von *Andersen* entschieden. Jedes Exemplar kostet zwar ein kleines Vermögen, doch auf lange Sicht wird sich das (hoffentlich) bezahlt machen. Die Trommeln sind aus Edelstahl gefertigt und haben eine unvergleichliche Widerstandsfähigkeit. Der Hersteller verspricht, dass sie auch nach jahrelanger Nutzung wie neu aussehen sollen, da keine Oxidation oder abblätternde Verchromung auftreten kann. Nach nun zwei Jahren im Einsatz kann ich dieser Einschätzung zustimmen. Das Gewicht der *Andersen*-Winschen ist mit dem von Alu-Winden vergleichbar. Durch das patentierte Power-Rib-System wird ein einwandfreier Grip der Schot auf der Trommel erreicht. Die Selftailing-Köpfe stellen sich automatisch auf den jeweils verwendeten Schotdurchmesser ein. Die Reibungsverluste sind minimal und die eingesetzte Kraft wird direkt auf die Schot umgelenkt. Die Achsen und Pallen sind komplett aus Edelstahl, die Zahnräder werden aus hochwertiger Aluminiumbronze gefertigt.
Bevor die neuen Winden an Bord anheuern konnten, mussten die alten demon-

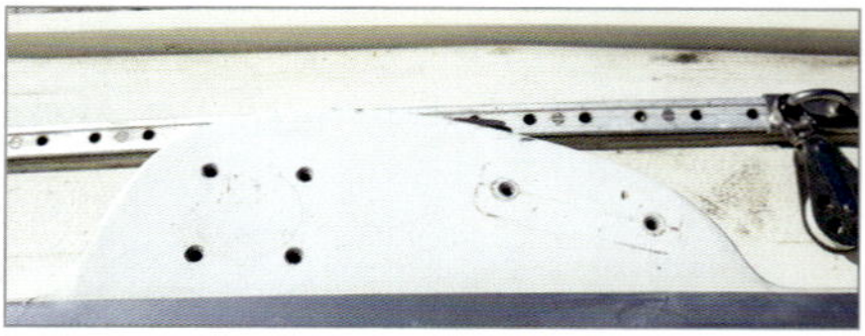

Die alte Winsch wurde demontiert, die Öffnungen verspachtelt und die Auflagefläche lackiert.

tiert und der Untergrund vorbereitet werden.

Es war abzusehen, dass die vorhandenen Bohrlöcher nicht für die neuen Winden passen würden. Daher habe ich diese zuerst mit Glasfaserspachtel gefüllt und Feinspachtel sorgte anschließend für einen sauberen Abschluss. Wie üblich wechselten sich Schleifen und Spachteln diverse Male ab. Nun musste dieses Stück vom Cockpitrand neu lackiert werden. Im nächsten Schritt wurden die neuen Bohrlöcher angezeichnet und gebohrt. Um die Kräfte besser auf das Boot zu verteilen, habe ich aus 8 mm dickem Aluminiumblech eine runde Platte ausgesägt, die unter dem Laminat als Verstärkung verschraubt wurde. Die gesamte Konstruktion wurde durch den Anschluss des Schutzleiters an das Erdungssystem an Bord eingebunden. Die Endmontage erfolgte durch Senkkopf-Edelstahlschrauben, die durch die Edelstahltrommel der Winde wunderbar abgedeckt werden.

Für die neue Winsch wurden die Löcher gebohrt und diese sauber abgedichtet montiert.
Unter Deck wurde eine dicke Aluminiumplatte montiert, um die Kräfte besser zu verteilen.

5.9 Vom Mast ins Cockpit

Die Dirk, das Großsegelfall sowie das Reff für das Großsegel wurden ursprünglich direkt am Mast befestigt. Das bedeutet, dass das einzige Besatzungsmitglied aus dem Cockpit auf das Vordeck gehen muss, um das Großsegel zu hissen, zu bergen oder zu reffen. Diese Situation wollte ich verbessern, um diese Bedienschritte sicherer aus dem Cockpit durchführen zu können.

Um die erwähnten Leinen vom Mast aus dem Cockpit zu bedienen, musste hierfür ein passender Ort gefunden werden. Ich habe das Kajütdach an Backbord gewählt, auf dem ausreichend Platz für eine Winde und einen Dreifach-Fallenstopper sein sollte. Die Leinen vom Mast wurden in diese Richtung umgelenkt. Als Hindernis auf diesem Weg stellte sich ein kleiner Wellenbrecher heraus, der auf dem Aufbau einlaminiert war. Da dieser im Inneren hohl ist, reichte es nicht aus, hier einfach drei Löcher zu bohren, sondern es musste eine saubere Durchführung konstruiert werden.

Anhand der zukünftigen Position des Fallenstoppers und der Leinenführung an Deck zum Mast wurden die Durchbrüche durch den Wellenbrecher angezeichnet und die Löcher mit einem 4-mm-Bohrer vorgebohrt und anschließend mit einem 25-mm-Forstnerbohrer vergrößert.

Durch diese Öffnungen wurden 25-mm-Edelstahlrohre gesteckt, deren Umrisse angerissen und mit der Flex abgesägt. Diese Rohrstückchen wurden danach exakt im Wellenbrecher positioniert und mit Zwei-Komponenten-Epoxidkleber fixiert. Nun folgte das bekannte Spiel aus Spachteln und Schleifen, bis keinerlei scharfe Kanten dem Tauwerk mehr schaden konnten.

Am Mastfuß habe ich mit drei versenkten M8 Schrauben einen Edelstahlwinkel befestigt, der als Halterung für drei Umlenkblöcke dient. Somit war das Tauwerk auf Höhe des Aufbaus, musste aber noch in Richtung Cockpit umgelenkt werden. Diese Aufgabe übernimmt ein sogenannter Decksorganizer von Pfeiffer, der in einem Rahmen aus seewasserbeständigem Aluminium drei Umlenkrollen beheimatet. Um auf das exakte Niveau der Durchführungen durch den Wellenbrecher zu kommen, habe ich dieses Gerät mit einem angepassten Keil aus wasserfest verleimtem Sperrholz unterfüttert. Der Fallenstopper sowie die

Um die Leinen vom Mast ins Cockpit zu führen, musste eine Leinenführung durch den Wellenbrecher konstruiert werden.

Fallenwinsch wurden auf dem Kajütdach verschraubt.

Als Winsch kam wieder eine Edelstahlwinsch von *Andersen* zum Einsatz, hier aber ohne selbstholende Funktion.

Wie hat sich diese Konstruktion im Praxisalltag des Einhandseglers bewährt? Mit wenigen Einschränkungen sehr gut. Wie man den Bildern entnehmen kann, befinden sich die Winde und der Fallenstopper unter der Sprayhood. Dies macht die Bedienung des Fallenstoppers bei eingeklappter Sprayhood etwas mühsam und bei ausgeklappter Sprayhood kann man die Winschkurbel nicht vollständig drehen. Bei einer Schotwinde wären dies störende Einschränkungen. Für die Verwendung am Großfall, der Dirk oder des ersten Reffs waren sie jedoch vernachlässigbar.

Das Großsegel kann wunderbar aus dem Cockpit gehisst und eingeholt werden und die Bedienung des ersten Reffs hat sich schon mehrfach bewährt. Somit ist sichergestellt, dass der Skipper für diese Manöver das Cockpit nicht mehr verlassen muss.

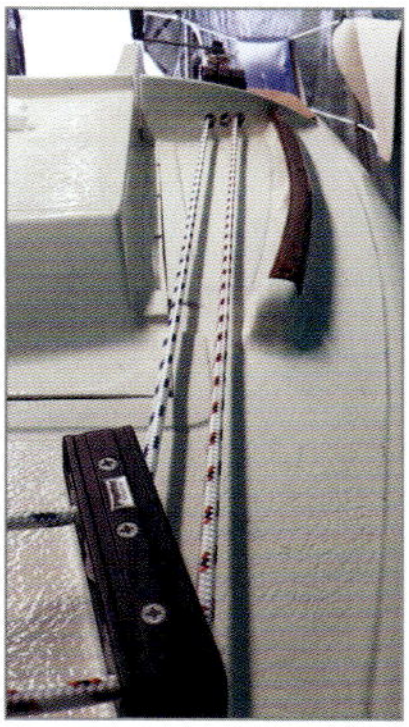

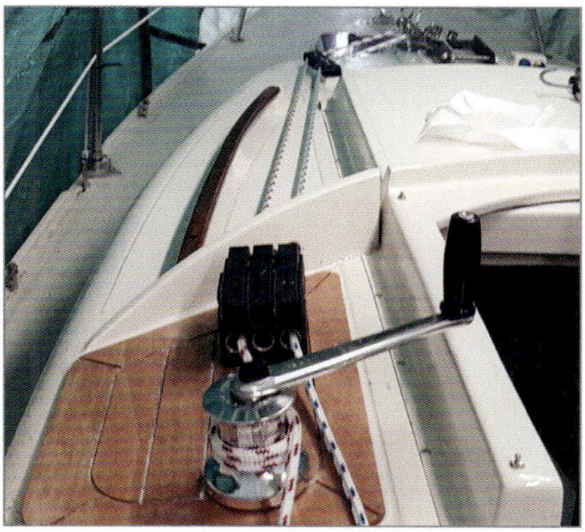

Die Leinen vom Großfall, der Dirk und dem ersten Reff konnten so ins Cockpit umgeleitet werden und sind von dort aus bequem und sicher bedienbar.

5.10 Ordnung im Cockpit

Alle notwendigen Leinen ins Cockpit zu holen, hat für die Bedienung einen erwiesenen Vorteil. Dieser sollte aber nicht damit zunichtegemacht werden, dass man mit diesen Leinen ein heilloses Durcheinander verursacht.

Bei mir an Bord habe ich zu diesem Zweck diverse Cockpittaschen befestigt. Um den Verschleiß bei Nichtgebrauch zu verringern, wollte ich diese nur temporär installieren.

Im vorderen Teil des Cockpits habe ich zwei Cockpit-Kombitaschen von *G-Nautics* mit Klettverschluss am Aufbau sowie eine doppelte Winschkurbeltasche befestigt. Diese bestehen aus UV-beständigem PVC und einem atmungsaktiven Mesh-Boden. Somit sind die Winschkurbeln immer griffbereit, die Fallen und Leinen gut versorgt und andere Kleinteile wie Getränke und Zwischenimbiss in Reichweite verstaut.

Die Befestigung mit Klettband hat sich bei mir an Bord nicht bewährt. Das untere Klettband wurde am Aufbau festgeklebt und hält dort bombenfest. Leider löst sich mit der Zeit das Klett von der Klebefläche, sodass sich die Taschen von der Wand lösen und hässliche Klebeflächen übrigbleiben. Daher mussten die Taschen schlussendlich doch mit Druckknöpfen befestigt werden, deren Unterteile am Aufbau festgeschraubt werden mussten.

Für die Vorschot habe ich an Backbord und Steuerbord jeweils eine Fallentasche von *Compass* mit einem Klettverschluss am Relingsdraht befestigt. Hier kann die Schot gut verstaut werden und ist sofort griffbereit.

Abnehmbare Taschen für Leinen und Zubehör sorgen für Ordnung im Cockpit.

5.11 Cockpitbeleuchtung

Für die Beleuchtung des Cockpits wurden zweifarbige Einbauspots gewählt, deren Lichtkegel durch eine integrierte Abdeckung nach oben abgeschirmt sind, um ein Blenden der Besatzung zu verhindern. Sobald ein Navigationslicht eingeschaltet wird, schaltet diese Beleuchtung über ein Relais von Weiß- auf Rotlicht um. Hierfür befindet sich in der Zuleitung zur weißen Cockpitbeleuchtung der Umschaltkontakt des Relais. Zieht dieses durch das Aktivieren der Navigationslichter an, wird die weiße Leuchte unterbrochen und die rote eingeschaltet.

Im Cockpit sind LED-Leuchten eingebaut, die nach unten strahlen, um die Crew nicht zu blenden. Sind die Navigationslichter eingeschaltet, wird diese automatisch auf Rotlicht umgeschaltet.

6 Unter Motor

Die *Hurley 700* wurde ursprünglich als *Hurley 22* in unterschiedlichen Varianten entworfen. Eine Version wurde mit einem 7,5-PS-Einbaudiesel von *Yanma*r ausgerüstet, der unter dem Cockpit platziert wurde. Weiter verbreitet ist die Version mit einem Außenborderschacht am Heck, die ich auch auf meinem Boot wiederfinde. Die Konstruktion ist so dimensioniert, dass dort ein Motor mit einer Antriebsleistung von bis zu 10 PS befestigt werden kann.

6.1 Motorraum

Der Motorraum ist am Heck hinter der Ruderpinne untergebracht. Er ist circa 0,5 m lang und geht über die gesamte Breite des Bootes. So bietet er zusätzlich zum Motor reichlich Platz für Kanister, einen Tank und die obligatorische Pütz an Bord.

Um diese Ausrüstung ordentlich zu verstauen, habe ich auf dem Boden mehrere Edelstahl-Befestigungsbügel angeschraubt, an denen die Ware mit

Der Außenbordmotor befindet sich in einem Schacht, der hinter dem Ruder angeordnet ist.

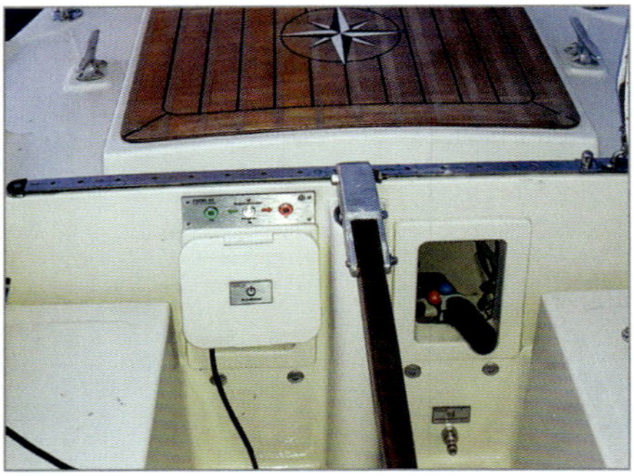

Zum Starten muss die Klappe geöffnet werden. Für die Bedienung ragt die Pinne des Motors ins Cockpit.

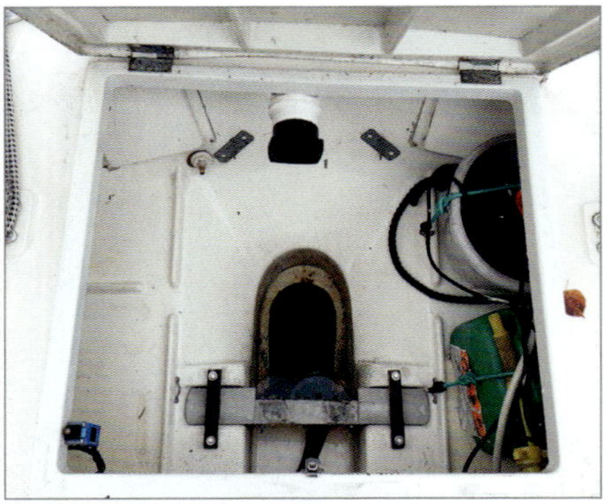

Der Motorraum mit Außenborderschacht bietet zusätzlich reichlich Stauraum.

Spanngurten befestigt werden kann. Da der Außenborderschacht unsichtbar ins Wasser ragt, bietet er zusätzlich die Möglichkeit, einen Messgeber für das Log sowie den Ansaugstutzen für die Außendusche zu befestigen, ohne dass irgendwelche Rumpfdurchbrüche erforderlich wurden.

Um den Raum vernünftig auszuleuchten, wurde er mit einem LED-Scheinwerfer ausgerüstet, der über einen Endschalter automatisch beim Öffnen des Deckels eingeschaltet wird. Zusätzlich wurden zwei Aluminium-Verteilerkästen installiert, um diverse elektrische Systeme sauber anschließen zu können.

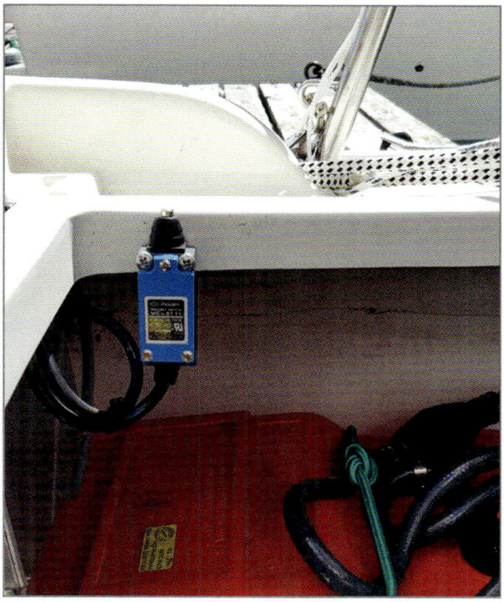

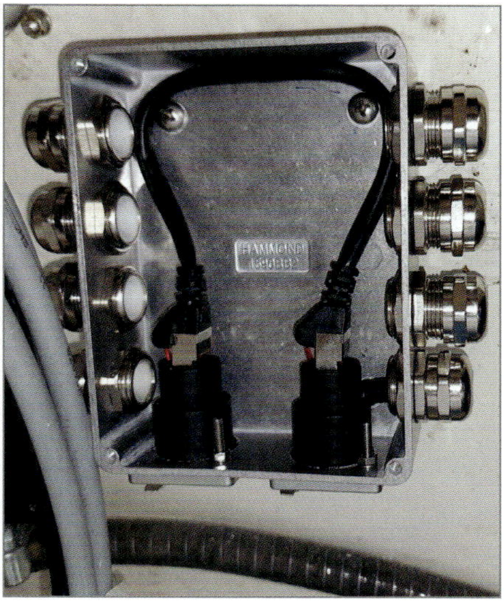

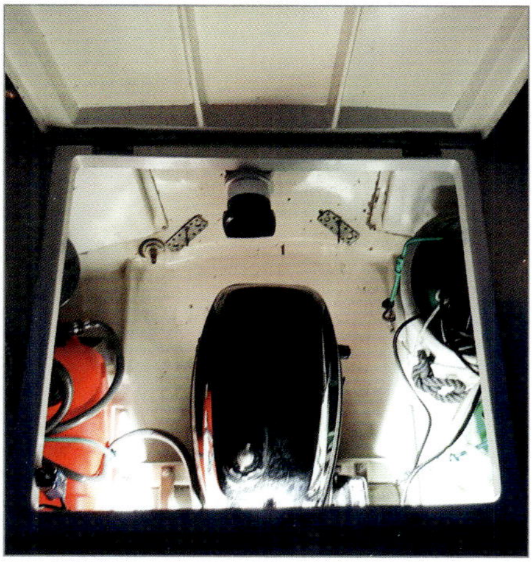

Im geräumigen Motorraum wurde ein LED-Scheinwerfer eingebaut, der automatisch eingeschaltet wird, sobald die Klappe geöffnet wird.

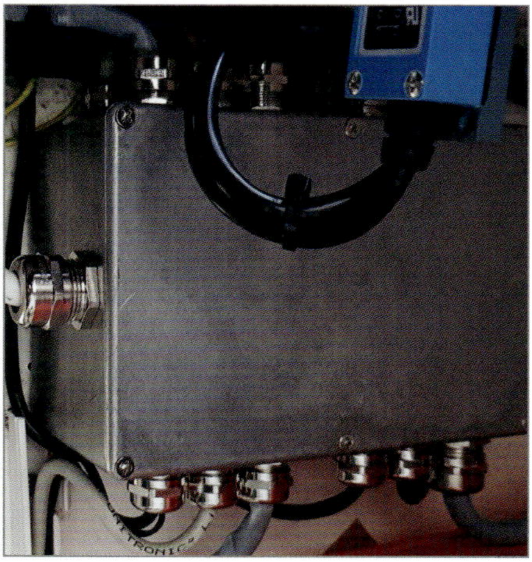

Die Elektroverteilungen im Motorraum wurden in Alu-Gehäuse installiert.

6.2 Luft für den Benzinaußenborder

Es ist ein bekanntes Phänomen, dass ein Benzinaußenborder in dem Motorraum zwar gut versteckt ist, jedoch besonders bei geringer Geschwindigkeit zu wenig Luft bekommt. An der Vorderseite des Motorraums befinden sich zum Cockpit zwei Öffnungen, um die für die Verbrennung erforderliche Luft einzubringen. Diese reicht im Betrieb jedoch nicht aus. Da ich es für äußerst unpraktisch hielt, bei Motorbetrieb die Klappe immer ein wenig offen zu halten, habe ich an der Rückseite zum Spiegel einen elektrischen Lüfter eingebaut, der Luft und Abgase aus dem Motorraum heraussaugt und so automatisch Frischluft nachgezogen wird. Hierfür wurde der Akkubohrer mit einer großen Lochsäge ausgerüstet, um das Loch in den Spiegel zu sägen. Von außen wurde die Öffnung mit einer Lüfterhaube aus Edelstahl abgedeckt, die mit der Bordwand verschraubt wurde. Innen wurde ein Rohrlüfter aufgesteckt und für die Ansaugöffnung mit dem 3-D-Drucker ein passendes Schutzgitter angefertigt. Die Ansteuerung des Lüfters erfolgt über eine kleine PWM-Schaltung, mit der die Drehzahl variabel eingestellt werden kann.

Mit dem Boot hatte ich einen neuwertigen 6-PS-Viertaktaußenborder von *Mercury* erworben, der in meinem Segelrevier für das Boot ausreichend dimensioniert war. Diesen habe ich mit einem tragbaren 25-l-Tank erweitert. Der Motor verfügte nur über einen Handstarter, sodass ich zum Starten jeweils die Klappe öffnen musste. Zur Bedienung ragte die Pinne durch eine der Luftöffnungen ins Cockpit. Der kleine Außenborder verfügte über keine Ladespule, sodass ein Nachladen der

Mit einer Lochkreissäge wurde für den Lüfter eine passende Öffnung in die Bordwand gesägt. Außen wurde diese mit einer Edelstahl-Lüfterhaube und innen mit einem angepassten Lüftungsgitter aus dem 3-D-Drucker abgedeckt.

Bordnetz-Akkus im Motorbetrieb nicht möglich war.
Obwohl der *Mercury*-Motor neuwertig war, wurde jedes Manöver durch mangelnde Zuverlässigkeit - was mit Sicherheit auf die besondere Einbausituation zurückzuführen ist - zu einem Abenteuer. Und es machte Krach: Im Betrieb betrug der Lärm im Cockpit bei Maximalgeschwindigkeit (5,2 kn) 81 dB und bei einer Marschgeschwindigkeit von 3,4 kn knatterte der Antrieb immer noch mit 78 dB. Bei dieser Geräuschentwicklung war eine Unterhaltung im Cockpit kaum möglich.
Hier musste Abhilfe geschaffen werden! In der engeren Auswahl standen ein 10-PS-Außenborder von *Honda* mit Ladespule und Fernbedienung und ein elektrisches Antriebssystem.

Der Gewinn mit einem neuen Verbrennungsmotor wäre die einfachere Bedienung sowie die Möglichkeit, bei Motorbetrieb die Bordnetz-Akkus sowie den Starter-Akku mit 12 A zu laden. Die Lärmbelastung würde allerdings eher noch steigen und den Lüfter für die Frischluftversorgung würde ich weiterhin benötigen. Ich müsste mir also zusätzliche Maßnahmen zur Schallisolierung einfallen lassen. Gegen die Abgasentwicklung könnte ich mit dieser Lösung nichts unternehmen.

6.3 Elektroantrieb

Als Alternative bot es sich an, ein elektrisches Antriebssystem zu evaluieren. Da der Platz für einen Außenborder bereits vorbestimmt war, müsste es auch ein Antrieb in dieser Bauform sein.

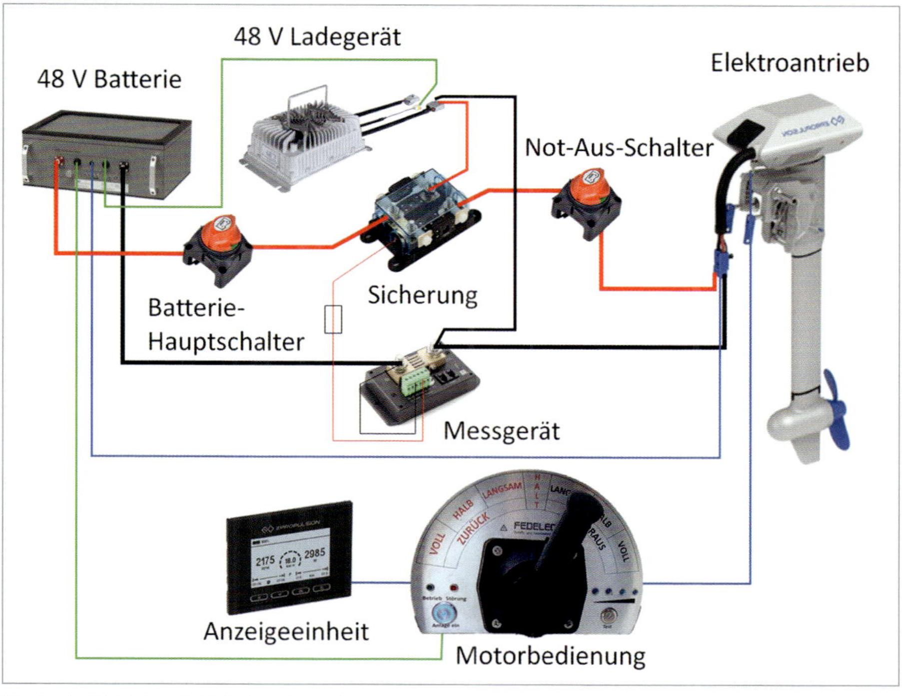

Blockschaltbild der elektrischen Antriebsanlage.

6.3.1 Dimensionierung des Antriebs

Für die Dimensionierung des Motors gibt es unterschiedliche Methoden, die alle zu einem ähnlichen Ergebnis führen: Die Leistung elektrischer Antriebssysteme im Vergleich zu Verbrennungsmotoren ist nicht 1:1 vergleichbar, da die elektrischen einen deutlich besseren Wirkungsgrad haben. Daher geben die Hersteller dieser Systeme zusätzlich, zur tatsächlichen Leistungsaufnahme, noch die adäquate Verbrennerleistung an. Diese entspricht in erster Näherung der Verbrennerleistung in PS geteilt durch zwei und das Ergebnis dann in kW: mein 6-PS-*Mercury*-Außenborder könnte demnach durch einen 3-kW-Elektroantrieb getauscht werden. Sowohl bei *Torqeedo* als auch bei *ePropulsion* trifft diese Annährung zu.

Eine einfache Abschätzung der erforderlichen Leistung ergab sich aus folgenden Daumenwerten:
Bei Segelbooten in Binnenrevieren reicht 1 kW pro Tonne Gewicht, in Küstengewässern sollte die Leistung doppelt so hoch sein. Nach dieser Rechnung benötige ich für meine *Hurley* 2.5 kW, wäre mit 3 kW also auf der sicheren Seite für meine Reisen auf den Schweizer Seen.
Eine genauere Berechnung erfolgt durch die Formel:

$P_M = 0.25 \times m_B \times l_W$
P_M = Motorwellenleistung [kW]
m_B = Bootsgewicht [t]
l_W = Wasserlinienlänge [m]
Für meine *Hurley* ergibt sich daraus:
$P_M = 0{,}25 \times 2{,}4\ t \times 5{,}2\ m = 3{,}1\ kW$

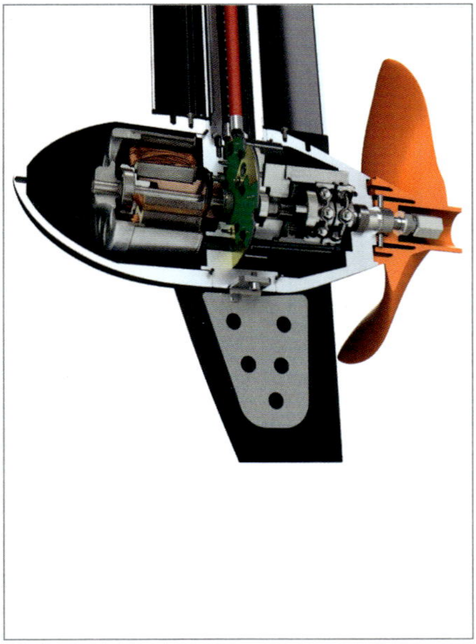

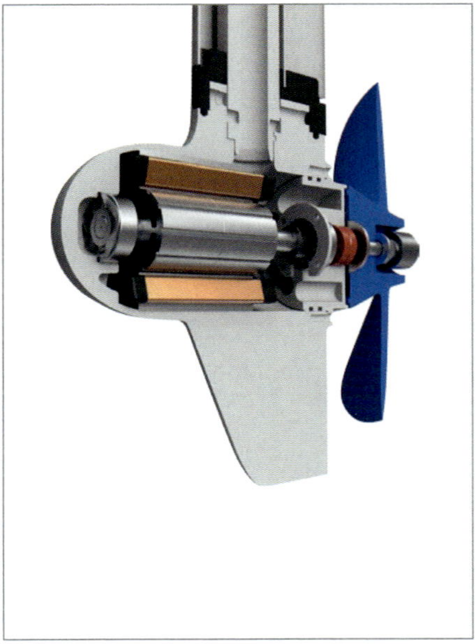

Die beiden Motoren in der engeren Auswahl:
links der *Torqeedo*-Motor mit Außenläufer und Planetengetriebe,
rechts der Innenläufer von *ePropulsion* mit Direktantrieb.
[Quelle: *Torqeedeo, ePropulsion*]

Somit sollte ein 3-kW-Elektroaußenborder passen.
In der engeren Auswahl standen ein 3-kW-Außenborder mit 24 V Betriebsspannung sowie der *Navy 3.0 EVO* von *ePropulsion*, der mit 48 V betrieben wird.

Beide Motoren verfügen über einen bürstenlosen Synchronmotor, was eine lange Lebensdauer und einen wartungsfreien Betrieb verspricht. Die Motoren befinden sich jeweils im Wasser unmittelbar vor dem Propeller, sodass eine ausreichende Kühlung gewährleistet ist. Der alternative Motor erzeugt als Außenläufer ein höheres Drehmoment als der *Navy 3.0*, der als Innenläufer konstruiert ist. Zusätzlich verfügt der alternative Motor über ein Planetengetriebe, wodurch die Propellerdrehzahl auf 1.100 U/min bei Volllast reduziert wird (der Navy 3.0 dreht mit 2.300 U/min). Die geringere Propellerdrehzahl wirkt sich positiv auf reduzierte Kavitation und mehr Schub aus. Das Getriebe erzeugt im Betrieb jedoch ein leichtes Pfeifgeräusch.
Schlussendlich habe ich mich für den *Navy 3.0* entschieden, da dieser ohne Getriebe absolute Ruhe verspricht, die Installation durch die kleineren Kabelquerschnitte einfacher erscheint und der Motor die Rekuperation, also die Stromgewinnung im Segelbetrieb, ermöglicht.
Für ein bisschen mehr Geld wären von beiden Herstellern deutlich stärkere Motoren mit jeweils 6 kW verfügbar gewesen. Bei einem Verbrennungsmotor greift man im Zweifelsfall schnell zu der stärkeren Variante, beim Elektromotor macht dies aber nicht immer Sinn, denn der limitierende Faktor ist der Antriebsakku.

6.3.2 Strom für den Antrieb

Der kritische Punkt eines elektrischen Antriebssystems ist der Stromspeicher, sowohl bezüglich der Kosten als auch des Gewichts. Je größer die Leistung des Motors ist, desto mehr Strom muss der Akku abgeben können und umso mehr elektrische Energie muss gespeichert werden.
Für meinen ausgewählten Antrieb *Navy 3.0 EVO* bietet *ePropulsion* passende Energiespeicher an. Hier sind Motor, Akku und Ladegerät über kommunikative Schnittstellen miteinander verbunden und optimal aufeinander abgestimmt. Eine Mischung von unterschiedlichen Herstellern ist grundsätzlich möglich, jedoch nicht empfohlen. Man merkt, dass hier noch Standardisierungspotenzial in der Branche besteht, um die Auswahlmöglichkeiten für den Verbraucher zu vergrößern.
Für meinen gewählten Antrieb wurde mir ein E80-Lithium-Ionen-Eisen-Phosphat-Akku (*LiFePO4*) mit einer Kapazität von 4,1 kWh bei einer Systemspannung von 48 V empfohlen. Die prognostizierte Lebensdauer ist mit 3.000 Lade- und Entladezyklen angegeben und das Gerät wiegt knapp 50 kg. Der maximale Entladestrom beträgt 80 A. Somit kann ich die Nennleistung meines Antriebs (3 kW) rein rechnerisch 1,4 Stunden lang abrufen, bevor das Batteriemanagementsystem (BMS) den Motor gnadenlos abschalten wird. Denn Tiefentladungen mögen Lithium-Akkus überhaupt nicht.
Hätte ich mich für den 6-kW-Antrieb entschieden, so betrüge die maximale Stromaufnahme 120 A. Diese hätte der

E80-Akku nicht liefern können, sodass ich die Kapazität hätte verdoppeln müssen (was auch ein doppeltes Gewicht und doppelte Kosten verursacht hätte). Eine Alternative wäre der E175-Akku gewesen, der bei knapp 9 kWh immerhin 87 kg in die Bilge bringt und ebenfalls ein großes Loch in die Bordkasse reißt.

6.3.3 Bunkerstation elektrisch

Da die Kapazität des Stromspeichers endlich ist, möchte dieser mit frischem Strom betankt werden. Die Bunkerstation ist in diesem Fall das Ladegerät, das zur Dimensionierung des Landanschlusses in meinem Heimathafen passen muss. Dieser ist mit 10 A abgesichert, sodass die maximale Abnahmeleistung 2.300 W nicht überschreiten darf. Wenn ich von einem Wirkungsgrad beim Ladegerät von 90 % ausgehe, so ergibt sich daraus eine nutzbare Ladeleistung von gut 2.000 W. Bei einer Ladespannung von 52 V wären das maximal 39 A.

Der Batteriehersteller macht die Auswahl sehr einfach, da er nur ein passendes Ladegerät mit einem Ladestrom von 30 A im Angebot hat. Die Ladeleistung ist mit 1.440 W angegeben, was eine Belastung des Landanschlusses von knapp 7 A bedeutet. Leider ist bei diesem Gerät die Leistungsaufnahme (noch) nicht einstellbar. In vielen Marinas ist der Landanschluss mit nur 6 A abgesichert, was dazu führt, dass man mit diesem Ladegerät seine Batterien dort nicht laden kann! Nach Rücksprache mit dem Generalimporteur soll diese Funktion in einer zukünftigen Version nachgerüstet werden. Sollte ein stärkerer Landanschluss zur Verfügung stehen, so lassen sich bis zu acht dieser Geräte parallelschalten und somit die Leistung erhöhen bzw. die Ladezeit verkürzen. Da der maximale Ladestrom des E80-Akkus 40 A beträgt, war dies keine Option bei mir an Bord.

Die Ladezeit für meinen E80-Akku ist gemäß Hersteller mit drei Stunden angegeben, was ich in der praktischen Erprobung bestätigen kann.

Der E-Antrieb sowie sein 48-V-Akku bitten an Bord kommen zu dürfen.

6.3.4 Bedienen und überwachen

Ein Ziel dieses Projektes war, die Bedienung des Antriebs zu vereinfachen. Daher wurde eine seitliche Fernsteuerung ausgewählt, die in Reichweite des Rudergängers installiert werden sollte.
In meinem beengten Cockpit gibt es nur wenig Einbaumöglichkeiten für dieses Gerät und ich wollte auf jeden Fall vermeiden, dass man versehentlich mit

Der Fahrhebel wurde geschützt in die Seitenwand im Cockpit eingelassen. Hierfür wurde eine Einbaumuschel gedruckt und einlaminiert. In der Kajüte wurde die Muschel mit ihren Anschlüssen unter einer Abdeckung versteckt.

dem Fuß gegen den Fahrhebel tritt. Daher wurde er nicht an, sondern in der Cockpitbank auf Backbordseite versenkt eingebaut. Mit einem CAD-System wurde eine halbkreisförmige Muschel für Unterputzmontage entworfen und durch einen 3-D-Drucker in die Realität umgesetzt. An der Sitzbank wurde ein passender Halbkreis angezeichnet und mit der Stichsäge ausgesägt. Anschließend wurde die Muschel von innen in die Öffnung gesteckt und flächenbündig mit Epoxidharz eingeklebt. Eine kleine Pfalz, die im 3-D-Druck berücksichtigt wurde, stellte die korrekte Position sicher. Nach dem Aushärten erfolgte die bekannte Prozedur aus Spachteln und Schleifen, bis die Muschel wie angegossen passte. Für die Lackierung wurde ein Air-Brush-System verwendet, um mit dem Original-Zwei-Komponenten-Lack des Aufbaus der Sitzbank wieder zur alten Schönheit zu verhelfen. Dies war im Hafen möglich, ohne dass das gesamte Boot oder sogar noch die Nachbarn mit Sprühnebel belästigt wurden.
An der Außenseite der Muschel, im Bootsinneren, wurden zusätzlich zwei Sperrholzleisten laminiert, um vereinfacht eine Abdeckung zu befestigen. Für die Innenseite wurde eine Aluminiumplatte mit der Einteilung eines Maschinentelegrafen bedruckt. Im oberen Halbkreis wurde ein LED-Leuchtband eingelassen, das rot leuchtet, wenn die Positionslichter Fahrt unter Maschine anzeigen.

Zusätzlich wurden die LED-Anzeigen, die sich direkt am Antriebsakku befinden, verlängert. Hierfür musste ein kleiner Trick herhalten, da ich nicht das Gehäuse des Akkus öffnen wollte, um an die Anschlüsse der Anzeigen zu kommen. Ich wollte nicht die Gewährleistung riskieren. Mit Fotodioden greife ich daher an dem Gerät den Zustand der Anzeigen ab und über eine kleine Schaltung steuere ich die LEDs in meinem Maschinentelegrafen an. Auch hierfür habe ich ein Gehäuse mit dem 3-D-Drucker erstellt. Die Fotodioden sind darin genau positioniert und das Gehäuse wurde mit Montageklebeband von außen auf der Batterie befestigt. Als elektrische Steckverbindung habe ich eine RJ-45-Buchse installiert, wie man sie aus der klassischen Netzwerkverteilung kennt. Somit konnte ich aus dem Netzwerkzubehör ein T-Stück verwenden, um die geklonte Anzeige ohne weiteren Aufwand zu duplizieren: zum einen für den Maschinentelegrafen und zum andern für die Anzeige am Schaltschrank. Beide Anzeigen werden über eine kleine Taste aktiviert, sodass sie nicht ständig Strom benötigen und im Außenbereich bei Nachtfahrt blenden.

Der Akku hat einen Hauptschalter am Gerät, bietet aber auch den Anschluss eines beleuchteten Fernschalters über eine Steckverbindung an. So ein Fernschalter wurde im Maschinentelegrafen installiert, um den Energiespeicher aus dem Cockpit ein- und ausschalten zu können. Zu meiner Überraschung musste ich feststellen, dass der Leuchtring der Taste dauernd leuchtet: wenn das System eingeschaltet ist heller, nach dem Ausschalten dunkler. Also auch wenn ich von Bord gehe, wird mein Akku ständig durch die Anzeige entladen. In einem anderen Boot, wo ich wenige Wochen vorher das identische System installiert hatte, trat dieser Effekt nicht auf. Daraufhin habe ich Kontakt mit dem Generalimporteur aufgenommen und er erklärte mir, dass der Hersteller dies als neue Funktion ergänzt hat, damit man immer – auch im Dunkeln – den Schalter finden kann. Aus seiner Sicht sei der Energieverbrauch vernachlässigbar. Nachdem ich ihm glaubhaft gemacht habe, dass diese Zusatzfunktion meiner Meinung nach gar keinen Sinn erfüllt und es zumindest die Möglichkeit geben sollte, diese zu deaktivieren, wurde mir eine Verbesserung zugesagt. In naher Zukunft soll es einen Zwischenstecker geben, der dieses Phänomen unterbindet. Wir werden sehen ...

Die mitgelieferte Systemanzeige wurde an der Rückwand des Cockpits befestigt, wo ursprünglich die Pinne des alten Außenborders ins Cockpit ragte. Sie verfügt über ein 4,3 Zoll monochromes Display mit vier Drucktasten. Auf einen Blick werden die Propellerdrehzahl, die aktuelle Geschwindigkeit über Grund (gemessen mit einem im Motor integrierten GPS-Empfänger) sowie die momentane Leistungsaufnahme angezeigt. Etwas genauer muss man schon hingucken, um die prognostizierte Reichweite und Fahrtdauer sowie den Ladestatus und den Zustand des Antriebssystems abzulesen. Die Hinter-

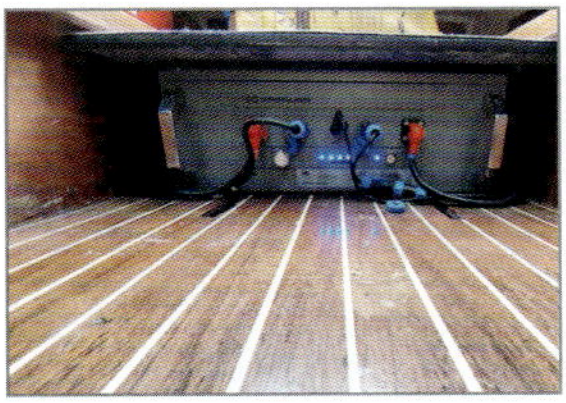

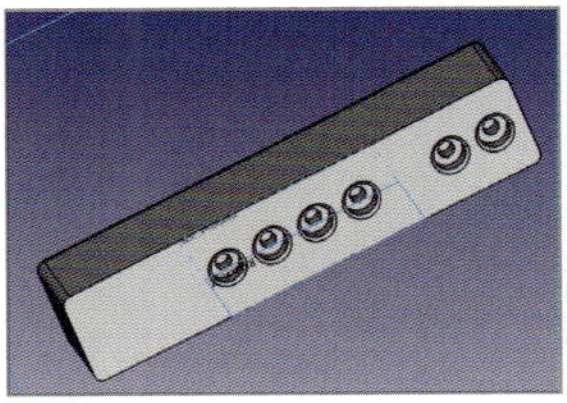

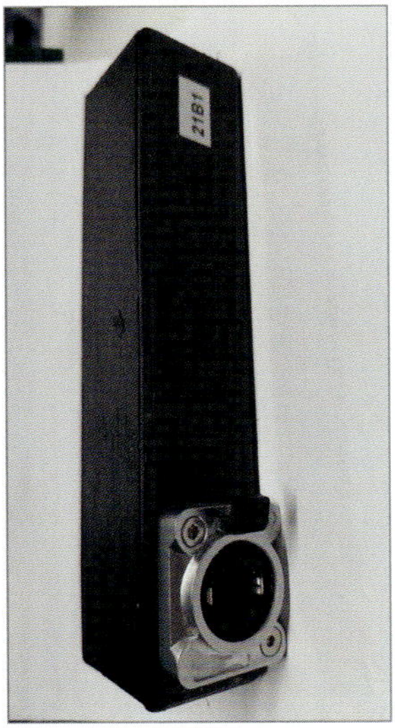

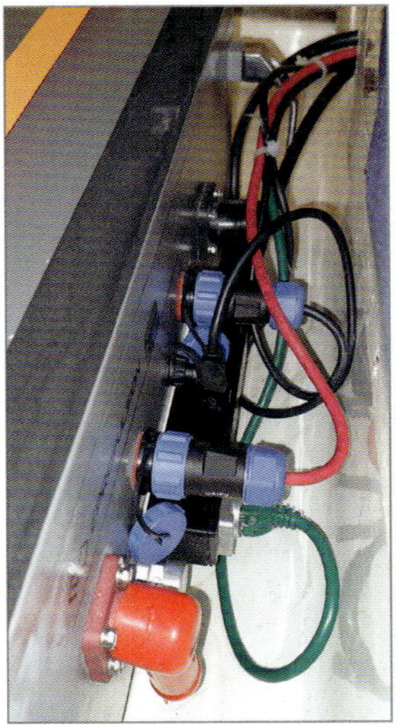

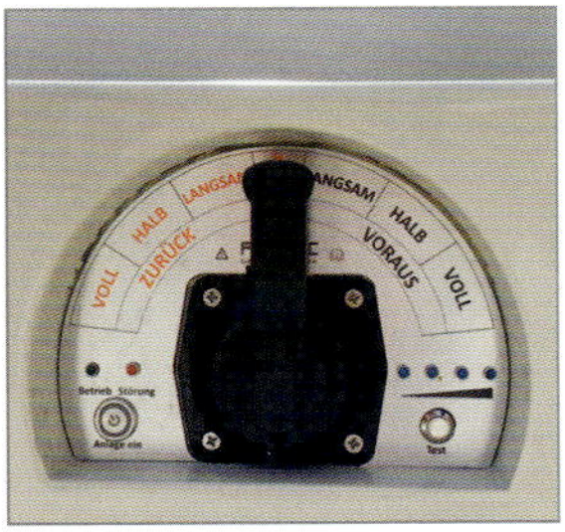

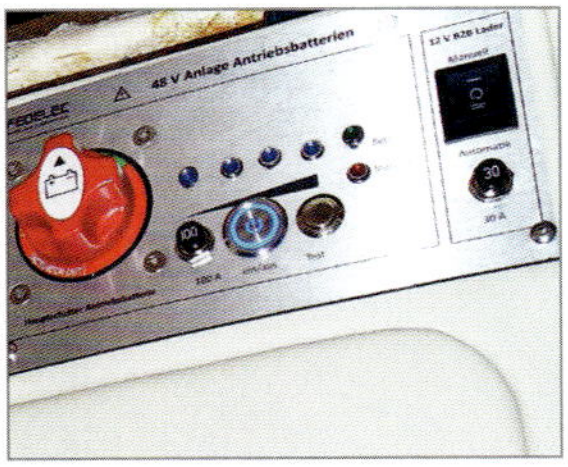

Um die LED-Betriebsanzeigen des Antriebsakkus an den Bedieneinrichtungen darzustellen, wurden ihre Zustände mit Fotodioden abgegriffen. Der notwendige Adapter stammt wieder aus dem 3-D-Drucker.

grundbeleuchtung lässt sich über einen Tastendruck ein- und ausschalten. In den übrigen Menüs können die Systemeigenschaften an die individuelle Installation angepasst werden. Dies erfolgt meistens nur einmal bei der Inbetriebsetzung und ist weitestgehend selbsterklärend.

Elektrisch wird die Anzeige mit einem mitgelieferten Kommunikationskabel mit dem Fahrhebel verbunden. Dieses Kabel ist mit 50 cm jedoch so kurz, dass es für die Installation bei mir an Bord kaum zu gebrauchen war. Ein entsprechendes Verlängerungskabel kostet ein kleines Vermögen.

Unter der Anzeige wurde noch ein Hauptschalter in einer Aluminiumplatte installiert, um den Motor von der Spannungsversorgung zu trennen. Dieser dient sowohl als Not-Aus- als auch als Reparaturschalter.

Der Fahrhebel besteht aus schwarz eloxiertem Aluminium und macht einen wertigen Eindruck. Zur Bedienung aus der Neutralstellung wird er zuerst etwas herausgezogen und anschließend nach voraus oder achteraus bewegt. Somit wird eine versehentliche Betätigung vermieden und es kann die Leerlaufstellung einfach angefahren werden, ohne dass man auf den Hebel gucken muss. Im Gerät ist eine Mensch-über-Bord-Funktion integriert, die auch als Wegfahrsperre verwendet werden kann. Ein kleiner Magnetstift, versehen mit einer Handschlaufe, muss sich in einer dafür vorgesehenen Öffnung befinden, damit das Antriebssystem sich in Bewegung setzt. Sobald der Stift gezogen wird, steht der Antrieb still.

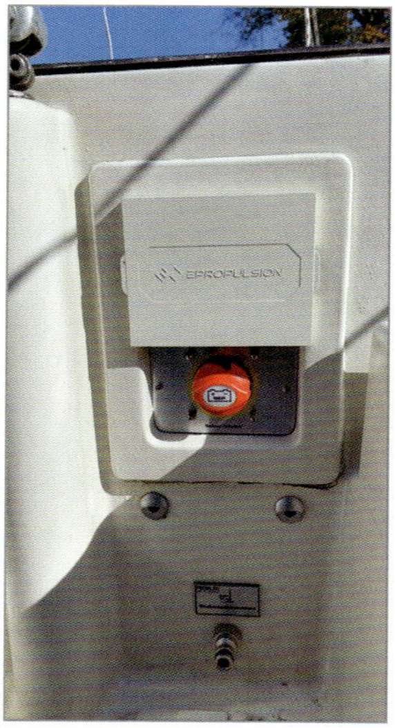

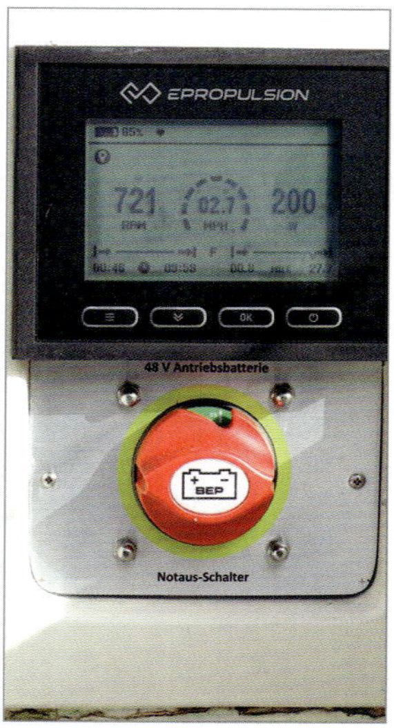

Die Bedieneinheit für den E-Antrieb wurde im Schott zum Motorraum an der Stelle montiert, wo vorher die Pinne des Außenborders ins Cockpit ragte. Zusätzlich wurde ein Not-Aus-Schalter installiert.

6.3.5 Einbindung in das Bordnetzwerk

Die einzelnen Komponenten des Systems sind kommunikativ miteinander verbunden. Leider handelt es sich dabei jedoch um ein proprietäres Protokoll, sodass eine Kommunikation mit anderen Geräten z. B. über *NMEA 2000* nicht möglich ist.

Bei mir an Bord befindet sich das Energiemanagementsystem *Pico* von *Simarine*, das über *NMEA 2000* mit meinem Multifunktionsdisplay (MFD) von *Garmin* verbunden ist. (Beides wird noch vorgestellt, siehe dazu Kapitel 8.9 sowie 10.5). Daher war es für mich ein Muss, das elektrische Antriebssystem in dieses Netzwerk zu integrieren. Mit wenig Aufwand habe ich in der Minusleitung des Batterieanschlusses ein 300-A-Mess-Shunt *SC303* installiert, mit dem sowohl die Lade- und Entladeströme als auch die Batteriespannung des Antriebssystems exakt erfasst werden. Aufgrund der hohen Spannung ist zu beachten, dass diese Messung nur in der Minusleitung erfolgen darf.

Auf dem MFD konnte mit wenig Aufwand eine Übersichtsseite konfiguriert werden, die nun Geschwindigkeit, Ladezustand, Entladestrom, Betriebsspannung und weitere Werte in einem übersichtlichen Bild darstellt.

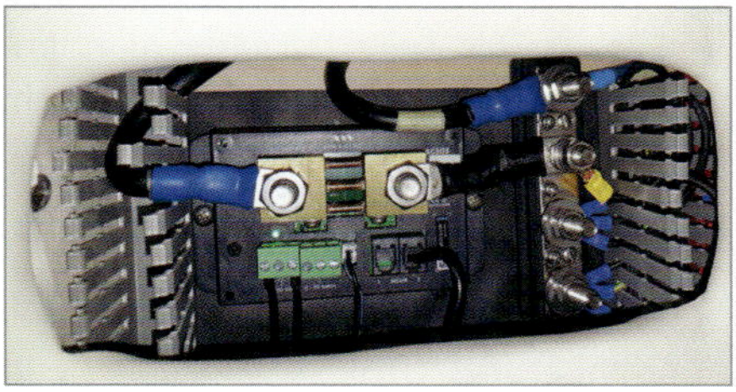

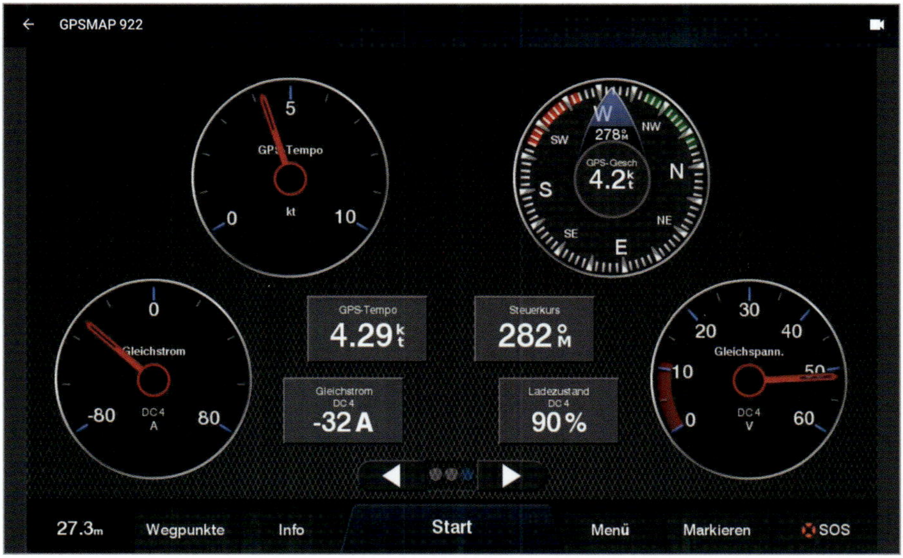

Durch die Verwendung eines kommunikativen Mess-Shunts kann das Antriebssystem in das *NMEA-2000*-Netzwerk eingebunden werden, und so am Multifunktionsdisplay (MFD) überwacht werden.

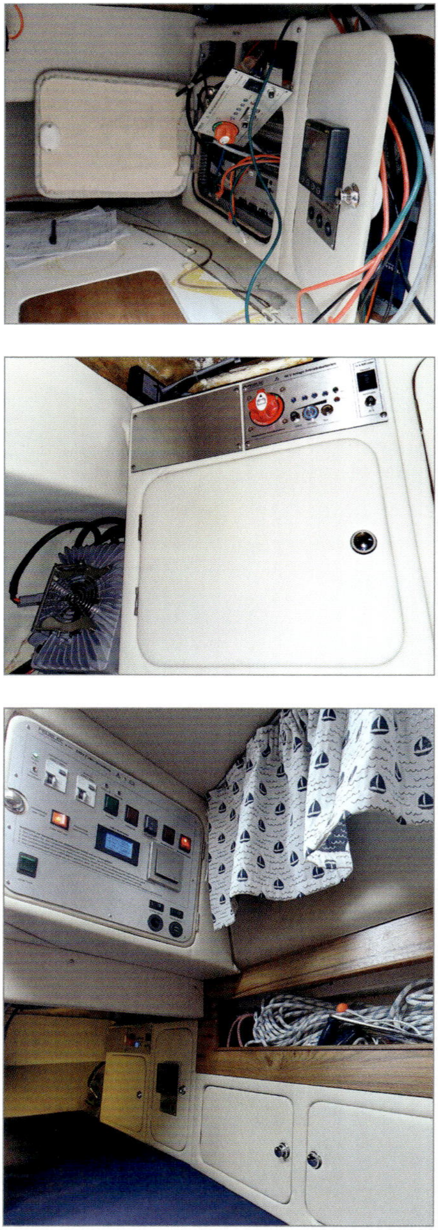

Für die Antriebsanlage mussten einige Kabel und Geräte installiert werden. Hierfür wurde ein separater Schaltschrank spendiert, der sich harmonisch in die Schrankreihe an der Bb.-Seite einreiht.

6.3.6 Installation an Bord

Grundsätzlich wird das System mit vorkonfektionierten Kabeln, Steckverbindern und Hauptschalter geliefert, sodass die Installation einfach erfolgen könnte.

Da ich neben dem erwähnten Mess-Shunt noch separate Absicherungen für den Antrieb, das Ladegerät und einen Batterie-zu-Batterie-Lader vorsehen wollte, musste ein kleiner Schaltschrank konstruiert werden, der an der Backbord-Bordwand installiert wurde. In diesem Schrank wurden noch weitere Komponenten wie Laderegler für ein PV-Panel und diverse Messeinrichtungen montiert.

Die maximale Stromaufnahme des Antriebs beträgt 60 A. Daher habe ich für die Verdrahtung der Kraftleitungen Kabel mit einer Querschnittsfläche von 35 mm^2 verwendet, was sich noch einigermaßen handhaben lässt. Hätte ich eine 24-V-Systemspannung gewählt, so wäre die Installation mit 70 mm^2-Leitungen deutlich schwieriger gewesen.

In dem erwähnten Schaltschrank wurde der vorgeschriebene Batteriehauptschalter eingebaut, der in der Nähe der Batterie installiert werden muss. Das Layout des Schaltschranks wurde so gewählt, dass in Zukunft Schalter und Bedieneinrichtung für einen zweiten Antriebsakku nachgerüstet werden könnten. Man weiß ja nie …

Wichtig bei der Auswahl der elektrischen Komponenten ist ihre Eigenschaft, dass sie für 48 V Gleichspannung (DC) geeignet sind, denn bei vielen Schaltern und Sicherungen ist bei maximal 36 V Schluss. Da der Abrissfunken bei höherer Gleichspannung deutlich größer ist, müssen die Geräte speziell für diese Anwendung ausgelegt sein.

Eine weitere Herausforderung bestand in der wasser- und gasdichten Schottdurchführung aller Kabel und Leitungen, teilweise mit bereits angeschweißtem Stecker. Klassische PG-Verschraubungen sind hierfür nur bedingt geeignet. Als ideale Lösung haben sich teilbare Kabeleinführungsleisten der Firma *icotek* ergeben. Im Schott wird eine viereckige Öffnung ausgesägt. Auf diese wird der Rahmen der Kabeleinführungen zusammen mit einer Dichtung verschraubt. Das Innere des Systems kann je nach Kabeldurchmesser mit unterschiedlichen Kabeltüllen individuell konfektioniert werden. Und da diese Tüllen geschlitzt sind, können auch Kabel mit montiertem Stecker eingebunden werden.

Sollte ich den Motor mal ausbauen müssen, so wird mir dieser bereits montierte Stecker zum Verhängnis werden. Denn diese fünf Meter lange Kommunikationsleitung, die zum Anschluss des Antriebs an die Batterie verwendet wird, wurde mit einem fix angeschlossenen Kabel mit angeschweißtem Stecker geliefert. Das geht nun durch zwei Schotts und diverse Kabelkanäle und kann nicht ohne erheblichen Aufwand zurückgefädelt werden. Wenn es soweit ist, wird ein Seitenschneider das Problem lösen müssen, um dann eine neue Steckverbindung nachzurüsten. Hoffentlich tritt dieser Fall nicht während der Gewährleistung auf. Die Konstruktion des Herstellers macht wenig Sinn, da er für die zweite Kommunikationsleitung, die an den Fahrhebel geführt werden muss, eine verschraubte Steckverbindung am Motor vorgesehen hat. Diese lässt sich ganz einfach lösen, also warum nicht beide Anschlüsse identisch ausführen?

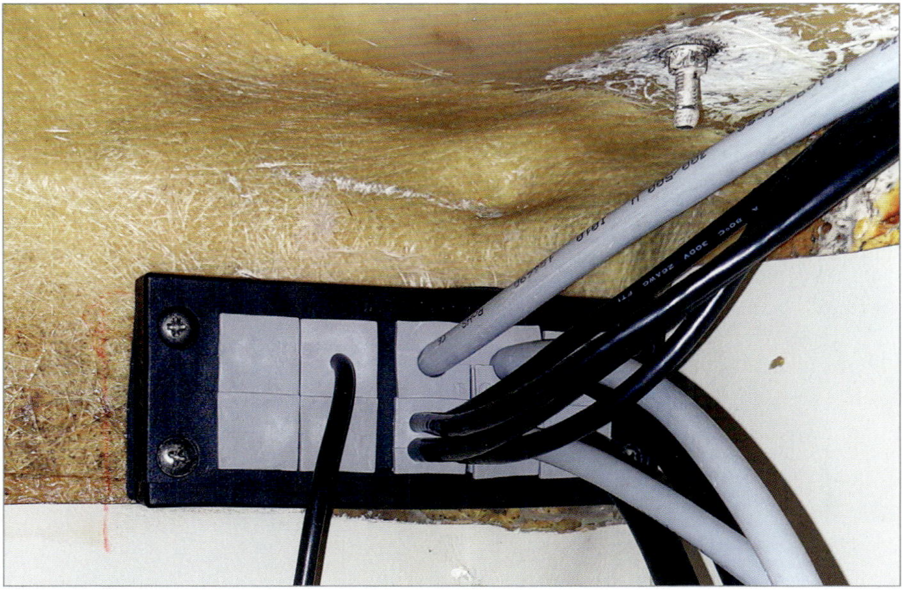

Schottdurchführung der Firma *icotek*, die individuell für die erforderlichen Kabelquerschnitte bestückt wird. Auch Kabel mit angeschweißtem Stecker können einfach durch das Schott geführt werden.

Der Stauraum unterhalb des Cockpits wurde als Heimat für den Antriebsakku gewählt. Der verbleibende Stauraum kann immer noch als Segellast und für die Kühlbox verwendet werden.

Das Ladegerät ist erstaunlich kompakt und in der Schutzart IP66 extrem robust ausgeführt. Selbst kurzzeitige Überflutung wäre möglich, die bei mir an Bord hoffentlich nie eintreten wird. Alle Anschlüsse sind mit soliden Steckverbindungen und gut dimensionierten Kabelquerschnitten versehen. Das sieht der Bordelektriker gern! Neben der Netzspannung und der Zuleitung zum Akku, verfügt das Gerät über eine zweipolige Kommunikationsleitung (die aber zu kurz war und daher verlängert werden musste), um sich direkt mit dem Antriebsakku zu unterhalten. Eine mehrfarbige LED informiert über die wesentlichen Betriebszustände: einfach aber wirkungsvoll. Das Gerät wurde neben dem Schaltschrank an der Bordwand montiert.
Der Antriebsakku sollte möglichst tief und mittschiffs platziert werden. Unter dem Cockpit befindet sich auf meiner *Hurley* eine tiefe Ablage, die hierfür bestens geeignet schien. Bisher war der Zugang dieses Bereichs vom Niedergang aus, in dem eine Kühlbox ihren fixen Platz eingenommen hatte. Daher musste ein weiterer Eingang geschaffen werden. Für diesen Zweck wurde noch einmal die Stichsäge verwendet, um eine geeignete Öffnung in die Seitenwand zu sägen. Anschließend wurden die Schnittkanten mit Epoxidharz und Glasfasergelege versteift. Die nun geschaffene Öffnung bietet einen guten Zugang zu der Batterie und der Raum wird zusätzlich als Segellast verwendet.

Um das Loch wieder attraktiv zu verschließen, musste der 3-D-Drucker noch einmal seinen Dienst erweisen. Am

CAD-System wurde diesmal ein Einbaurahmen entworfen und in einzelnen Teilen gedruckt. Dieser wurde anschließend mit Nut und Feder zusammengesteckt und mit Epoxidharz sowie kleinen Glasfasergelegen verklebt. Die Klappe wurde aus wasserfestverleimtem Sperrholz angepasst, das mit der Kunstlederbespannung des Innenausbaus versehen wurde.

Zur Befestigung des Akkus wurde eine Grundplatte aus Sperrholz eingeklebt, auf der die Batterie mit Spanngurten seefest verspannt wurde. Die elektrischen Anschlüsse der Kommunikationsleitungen erfolgten über vorgesehene Steckverbindungen. Die 35-mm^2-Anschlussleitungen wurden mit passenden Kabelschuhen professionell gepresst und mit Schrumpfschlauch mit integriertem Schmelzkleber versiegelt. Somit wird verhindert, dass mit der Zeit Feuchtigkeit in die Pressstelle eindringen kann und zu ungewollten Übergangswiderständen führt. Der Anschluss an den Akku erfolgte über M8-Innensechskantschrauben und wurde mit flexiblen Kunststoffhauben berührungssicher isoliert

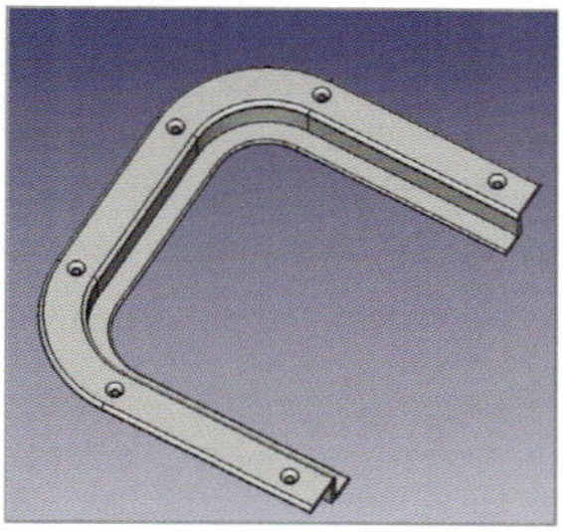
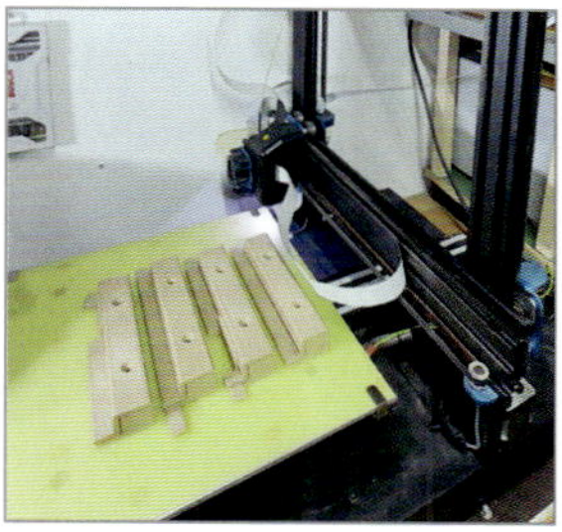

Die neue Öffnung in der Segellast musste mit einer Klappe verschlossen werden. Der Rahmen hierfür stammt aus dem 3-D-Drucker. Hierfür wurde spezielles Filament auf Holzbasis verwendet.

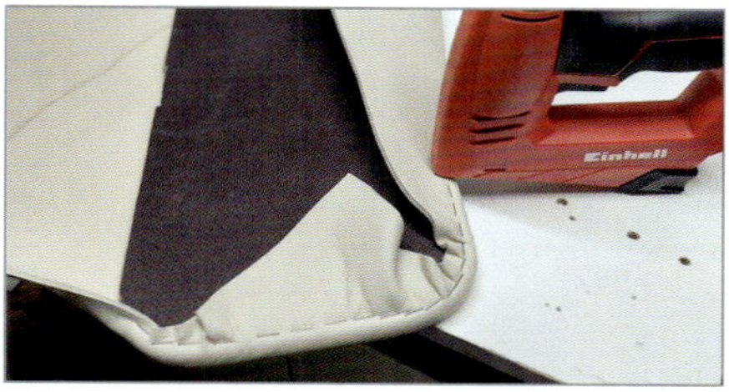

Das Kunstleder wurde auf der Vorderseite mit Sprühkleber aufgeklebt und auf der Rückseite mit Edelstahl-Tackernadeln gespannt.

6.3.7 Die Betriebsphase

Nach erfolgreicher Installation stieg die Neugier, das neue System im Betrieb zu erleben. Der erste Schock kam jedoch umgehend, da sich die Ruderpinne nicht mehr bewegen ließ. Der Grund war schnell gefunden, denn der neue Antrieb war zu lang. Durch die spezielle Konstruktion mit dem Außenborderschacht befindet sich der Motor bei meinem Boot hinter bzw. über dem Ruder. Da der Benzinaußenborder ein Langschaft war, bin ich davon ausgegangen, dass der neue dieses natürlich auch sein muss. Nun ist der Elektroaußenborder deutlich länger, sodass das Ruderblatt nicht mehr am Antrieb vorbeiging. Zum Glück konnte der Motor etwas angekippt werden, um das Ruder wieder frei zu bewegen. Aber im nächsten Winterlager muss eine Konstruktion her, die den neuen Außenborder ein wenig anhebt. Einmal mehr messen wäre hilfreich gewesen.

Im Betrieb stellte sich ein völlig neues Fahrgefühl ein. Viele reden von dem größeren Drehmoment eines E-Antriebs, aber kann ich das auch mit meinem kleinen Flautenschieber bestätigen? Und wie! Geringe Drehzahl reicht aus, und das Boot setzt sich sofort in Bewegung. Ein Pull zurück und der Dampfer steht augenblicklich. Das Manövrieren geht deutlich einfacher.

Die Leistungskurve auf See kann sich sehen lassen. Mit einer Stromaufnahme von 10 A (0,5 kW Leistung) fährt das Boot im strömungsfreien Gewässer 3,4 kn. Die Marschfahrt mit 4 kn erfordert einen Motorstrom von 20 A (1 kW). Um auf 4,5 kn zu kommen, sind bereits 35 A notwendig. Bei maximaler Leistung (3 kW mit 60 A) erreicht der Dampfer 5,3 kn Fahrt durchs Wasser. Die erreichten Geschwindigkeiten sind absolut vergleichbar mit den Messungen des *Mercury*-Außenborders. In meinem Fall entsprechen 3 kW elektrisch wirklich 6 PS mit Krach und Qualm.

Und wie sieht es mit der Geräuschentwicklung aus? Nichts! Eine Messung der Lautstärke ist gar nicht möglich, da man nichts hört. Nur bei Volllast nimmt man ein Surren unter der Klappe wahr, sonst herrscht absolute Stille. Hier wurden meine Erwartungen mehr als übertroffen.

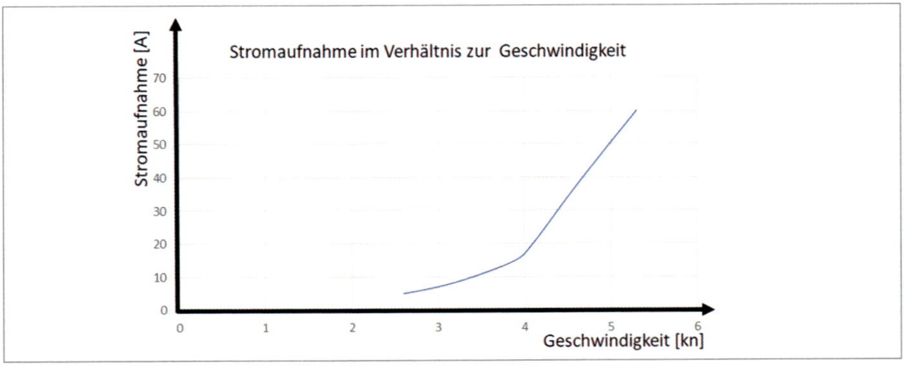

Die Dimensionierung des Antriebs hat sich als richtig herausgestellt. Die Stromaufnahme steigt exponentiell mit der Geschwindigkeit.

Die Bedienung mit meinem eingelassenen Maschinentelegrafen erwies sich als sehr zweckmäßig. Ergonomisch gut zu erreichen und sicher vor ungewollten Fußtritten. Die rote Beleuchtung ist bei Dunkelheit kein Luxus, sondern erleichtert es, die Bedieneinrichtung zu finden, ohne für die Nachtsicht geblendet zu werden. Die Reichweite ist sehr abhängig von der gewählten Geschwindigkeit. Würde ich konsequent mit nicht mehr als 4 kn reisen, so müsste rein rechnerisch eine Reichweite von 15 sm möglich sein, bei 3,4 kn Fahrt sogar 25 sm. Bei maximaler Geschwindigkeit werden es aber nicht mehr als 7 sm werden. In einer Testfahrt mit unterschiedlichen Drehzahlen und teilweise Gegenwind habe ich für 6,5 sm 75 % der verfügbaren Kapazität aufgebraucht.

6.3.7 Investitionsrechnung: Lohnt sich der Aufwand?

Vergleicht man ehrlich die Investitionskosten, so ist ein elektrisches Antriebssystem noch deutlich teurer als der vergleichbare Benziner. Der erwähnte *Honda BF10* Motor kostet ca. 3.500,- €. Mein E-Motor lag bei knapp 2.500,- €. Hinzu kam aber noch der Akku mit 2.300,- €, das Ladegerät (450,- €), die Bedieneinrichtung (450,- €) und diverse Kabel für 250,- €. In Summe lagen die Anschaffungskosten bei 5.950,- €, 70 % über dem Benzinmotor mit größerer Leistung.

Für Wartung und Inspektion des Benzinmotors muss ich jährlich 150,- € zurücklegen. Der Verbrauch ist mit durchschnittlich 1,6 l/h angegeben, also etwa 3,- € pro Stunde. Wenn ich von 50 Betriebsstunden ausgehe, so kostet mich der Benzinmotor circa 300,- € pro Jahr. Die Wartung meines E-Antriebs wird (hoffentlich) deutlich günstiger ausfallen. Ich lege hierfür 20,- € pro Jahr zurück. Der Strom ist (noch) in meinen Liegegebühren enthalten. Um fair zu vergleichen, veranschlage ich trotzdem 30,- € pro Jahr an Stromkosten. Somit komme ich auf 50,- € jährliche Betriebskosten für meinen Elektroantrieb.

Betrachte ich die Lebenszykluskosten, so benötige ich 10 Jahre, um die Mehrkosten meines E-Antriebes ausgeglichen zu haben. Anschließend werde ich damit sogar sparen. Die übrigen Vorteile kann ich jedoch sofort nutzen, und diese sind (fast) unbezahlbar: absolute Ruhe, keine Abgase, einfache Handhabung und hohe Zuverlässigkeit.

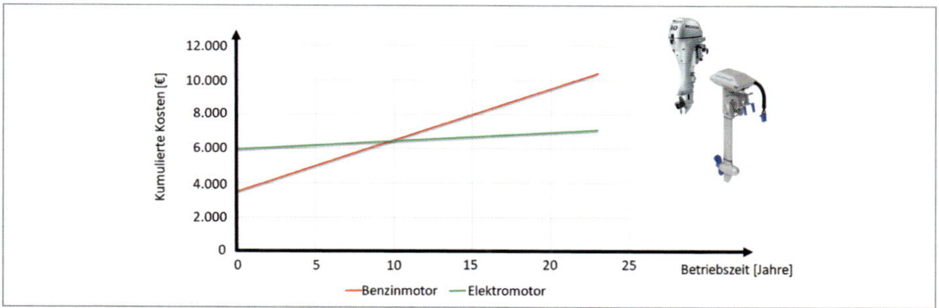

Die Investitionskosten des elektrischen Antriebs sind deutlich höher als bei einem Verbrennungsmotor. Über den Lebenszyklus rechnet sich dieses System jedoch auch finanziell. [Quelle: *ePropulsion, SVB,* J. Feddern]

7 Bugstrahlruder

Braucht man für ein 7 m Segelboot ein Bugstrahlruder? Noch vor kurzem hätte ich energisch abgelehnt. Nachdem ich nun so ein Gerät in meiner *Hurley* installiert habe, möchte ich es aber nicht mehr missen. Für Einhandsegler ersetzt das Buggi bei den Hafenmanövern tatsächlich einen Mann oder eine Frau an Deck. Und zusätzlich kann ich jetzt präzise auf Rückwärtsfahrt manövrieren, fast wie ein Bugsier-Hafenschlepper. Die Motivation für mein Projekt bestand am Anfang in dem Einbau des fleißigen Helfers, streng nach dem Motto: »Der Weg ist das Ziel«.

Ein Bugstrahlruder ist bei genauerer Betrachtung kein Ruder, sondern eine Querstrahlsteueranlage. Es handelt sich um einen quer zur Fahrtrichtung eingebauten Antrieb, der somit eine Bewegung zur Seite bzw. eine Drehung um den Schwerpunkt des Schiffes ermöglicht, ohne dass sich dieses dafür in Fahrt befinden muss. In der Vergangenheit war diese technische Errungenschaft nur den großen Pötten vorbehalten und die Skipper der kleineren Fahrzeuge haben sich damit getröstet, dass ein guter Steuermann auch ohne Bugstrahlruder auskommt.

Mittlerweile werden diese Anlagen in diversen Größen von vielen Herstellern vertrieben, und der Einbau ist mit etwas Geschick auch in Eigenregie möglich. Warum soll man also auch als guter Steuermann auf diese Errungenschaft verzichten?

Zunächst stellte sich für mich die Frage, welche Technologie zum Einsatz kommen sollte. Zum einen gibt es elegante

Das Bugstrahlruder als zweiter Mann an Bord.

Einbausysteme, die erst bei Gebrauch ausgefahren werden. Bei Nichtgebrauch ist im Rumpf nur ein schmaler Spalt vorhanden und im Betrieb kommt das Helferlein mit einem sehr kurzen Tunnel aus. Alternativ dazu gibt es die klassische Variante, bei der ein Tunnel in Querschiffsrichtung installiert wird, in dem ein Propeller das Wasser nach Steuerbord oder Backbord pumpt.
Als Langkieler ist es bei meiner *Hurley* nicht möglich, die versenkbare Methode einzubauen. Zudem erschien mir die Montage im Eigenbau zu anspruchsvoll. Daher kam bei mir die Tunnel-Variante zum Einsatz.

Folgende Faustregeln helfen bei der Bestimmung des möglichen Einbauorts:

1.
Je weiter vorn das Bugstrahlruder eingebaut werden kann, desto größer ist der Hebelarm und somit das erzeugende Drehmoment.

2.
Je tiefer der Tunnel unter der Wasseroberfläche installiert ist, desto geringer ist die Wahrscheinlichkeit, dass während des Manövers Luft angesaugt wird. Das würde die Wirkung verschlechtern.

3.
Umso kürzer der Tunnel ist, desto weniger Verluste entstehen. Es sollte jedoch nicht der zweifache Tunneldurchmesser an der kürzesten Stelle unterschritten werden.

4.
Die benötigte Leistung ist abhängig von den zu erwartenden Wind- und Strömungsverhältnissen. Hierbei gilt nicht immer viel hilft viel – ein zu groß dimensioniertes Bugstrahlruder kann ohne Drehzahlregelung für das ein oder andere Manöver zu viel Schub geben und somit kontraproduktiv sein. Zudem wird die Leistung durch die verfügbare Energiequelle limitiert.

7.1 Position des Bugstrahlruders

Da meine *Hurley* mit einer Länge von 7 m relativ wenig Windangriffsfläche bietet, sollte ein kleines Bugstrahlruder ausreichend sein. Das verwendete Gerät *BOW2512E* von *Vetus* hat eine Leistungsaufnahme von 1,5 kW und soll damit einen Schub von bis zu 400 N (nominal 250 N) erreichen.
Die Suche nach dem idealen Einbauort stellte mich vor die erste Herausforderung. Unter der Vorschiffskoje befand sich früher ein Schapp für den Betrieb einer Seetoilette. In diesem befand sich momentan ein flexibler Grauwassertank und es sah so aus, als ob hier ein guter Einbauort für das Buggi sein könnte. Es gab genug Platz für die Montage der Antriebseinheit und Anschlüsse, die Leitungslängen zu der Batterie waren kurz genug. Bei genauerer Betrachtung stellte sich jedoch heraus, dass dieser ideale Ort circa 2 m vom Bug entfernt war und der Tunnel relativ lang werden

Das Bugstrahlruder von *Vetus* sollte so weit vorn und so tief wie möglich unter dem ehemaligen Trinkwassertank eingebaut werden.

würde. Sollte ich einen Platz finden, der einen Meter weiter vorn ist, würde ich damit den Hebelarm um einen Meter verlängern und somit das Drehmoment bei gleicher Leistung um 66 % erhöhen. Zusätzlich würde ein kürzerer Tunnel die Verluste reduzieren, was noch einmal zu mehr Nutzleistung führen könnte.

Weiter im Vorschiff befand sich der bereits erwähnte Trinkwassertank, der fest einlaminiert war. Da dieser, wie das gesamte Boot, bereits 40 Jahre alt und somit hygienisch zweifelhaft war, fiel es mir relativ leicht, mich von diesem zu trennen. Mit Flex und Dreieckschleifer bewaffnet, wurde der Tank kurzerhand aus dem Vorschiff verbannt, siehe dazu Kapitel 4.5, Trinkwasserversorgung.

Jetzt sah die Situation schon ganz anders aus: Der Bug verjüngt sich bei der Hurley schnell, sodass der Tunnel deutlich kürzer werden würde und es bestand genügend Einbautiefe, um den Motor senkrecht auf dem Tunnel zu montieren. Bei dieser Konstruktion würde der Tunnel deutlich unterhalb der Wasseroberfläche platziert sein - einen besseren Platz gab es also kaum.

7.2 Montage des Tunnels

Im nächsten Schritt bestand die Aufgabe darin, an der richtigen Stelle zwei ovale Löcher in den Rumpf zu sägen. Nachdem die provisorische Position des Tunnels festgelegt worden war, habe ich von dem Tunnelrohr ein Stück in der Schräge der Bordwand abgeschnitten. Dieses diente zum Anzeichnen der erwarteten Öffnung an der Backbord-Bordwand. Im Anschluss konnte der Mittelpunkt des Ovals markiert werden und mit dem Akkubohrer bohrte ich das erste Loch in die Bordwand. Im nächsten Schritt galt es, diese Position auf die Steuerbord-Bordwand zu übertragen. Hier sollte eine Kreuzpeilung helfen. Auf der Unterseite des Rumpfs sowie am Steven wurden jeweils mittig Gewindeschrauben mit Heißkleber befestigt. Der Abstand von diesen Punkten zu dem gebohrten Loch wurde mit einem Bändsel abgenommen und so auf die Steuerbordseite übertragen. Dort wurde das zweite Loch gebohrt. Im Anschluss wurden die Löcher auf 8,5 mm vergrößert und eine 8 mm Gewindestange durch beide Löcher eingefädelt. Zum Glück sah diese Konstruktion schon mal recht gerade aus. Um den erforderlichen ovalen Ausschnitt an der Bordwand zu markieren, musste eine einfache, aber wirkungsvolle Hilfskonstruktion gebaut werden. Ein Stück Hartholz wurde mit zwei Bohrungen versehen, deren Abstand exakt dem Radius des Tunnels entsprach. In einem Loch wurde ein Permanentmarker senkrecht befestigt, das andere Loch wurde gut gefettet. Dieser Behelfszirkel wurde nun auf die Gewindestange gesteckt und damit der Permanentmarker an der Bordwand entlanggeführt. Vor dem Einsatz an Bord hatte ich die Konstruktion an einer schrägen Holzplatte getestet, um sicher zu gehen, dass diese Konstruktion auch wirklich funktioniert. So entstanden zwei Ovale an der Bordwand, die mit jeweils 4 Löchern versehen und anschließend mit der Stichsäge ausgesägt wurden. Entsprechende Schutzausrüstung war angesagt, um die erwartete Glasfaserspäne nicht einzuatmen und Juckattacken auf der Haut vorzubeugen. Nach ein paar kleineren Korrekturen konnte das Tunnelrohr zum ersten Mal in voller Pracht durch den Rumpf geschoben werden.

Da sich – außer bei Schubleichtern – der Bug auf Schiffen verjüngt, mussten die strömungstechnischen Auswirkungen des Bugstrahltunnels etwas genauer betrachtet werden. Würde ich den Tunnel einfach bündig mit der Bordwand absägen und dort verkleben, so könnte die Seite des Tunnels, die nach achtern zeigt, einigen Widerstand und Turbulenzen verursachen. Das Wasser, das an der Bordwand entlang strömt, würde plötzlich mit voller Wucht auf das Tunnelende treffen, da dieses ja weiter herausragt als der vordere Teil. Der Effekt dürfte ähnlich sein, als wenn man an Backbord und Steuerbord während der Fahrt zwei Pützen hinter sich herziehen würde. Zusätzlich sind scharfe Kanten strömungstechnisch sehr schlecht, da sie Wirbel verursachen. Der Hersteller meines Bugstrahls (Firma *Vetus*) hat in seiner Einbauanleitung die Empfehlung abgegeben, dass die Tunnelenden nach innen versetz werden sollten und nach achtern in einer Länge des Tunneldurchmessers auslaufen sollten. Dies wäre eine größere Veränderung meiner Bordwand gewesen, die ich als Do-It-Yourself-

Die Position der Öffnungen im Rumpf wurde über eine Kreuzpeilung übertragen, mit einem Hilfswerkzeug angezeichnet und mit der Stichsäge ausgesägt.

Projekt nicht in Angriff nehmen wollte. Diverse Internet-Tutorials haben eine andere Lösungsvariante vorgeschlagen: einen Spoiler. Hierfür lässt man das Tunnelrohr über die Bordwand herausragen und modelliert praktisch eine Sprungschanze für das vorbeiströmende Wasser. Zu beachten ist, dass in der Regel die Hauptströmungsrichtung nicht von direkt voraus kommt, sondern je nach Wellenbild ein wenig nach oben versetzt ist. So habe ich an der vorderen Seite das Rohr circa 3 cm überstehen lassen und nach achtern den Überstand auf 1 cm verjüngt. Das so angezeichnete Rohr wurde mit der Stichsäge abgesägt. Zwei Vierkantrohre am Winterlagergestell meines Nachbarn stellten sich hierfür als ideale Werkbank heraus.

Um das Tunnelrohr mit dem Rumpf verkleben zu können, wurde das Gelcoat großflächig abgeschliffen. Bei der Auswahl des passenden Epoxid-Systems stehen viele Alternativen zur Verfügung. Für mich war entscheidend, dass das System bei möglichst geringen Temperaturen verwendet werden kann und dass es sich im Bootsbau bewährt hatte. Ich habe mich für das *West-System* entschieden, das die zuvor genannten Anforderungen erfüllt und für die korrekte Dosierung von Harz und Härter über passende Pumpaufsätze verfügt.

Im ersten Schritt wurden Harz und Härter gemischt und mit speziellem Füllstoff von West-System angerührt. So entstand eine dickflüssige Spachtelmasse, mit der der Tunnel innen und außen mit der Bordwand verklebt wurde. Zusätzlich wurde mit dieser Masse der Spoiler rund um die Tunnelöffnungen modelliert. Die Spachtelmasse wurde anschließend mit einer Rolle kräftig angedrückt und mit Abrissgewebe abgedeckt. Nach dem Aushärten der

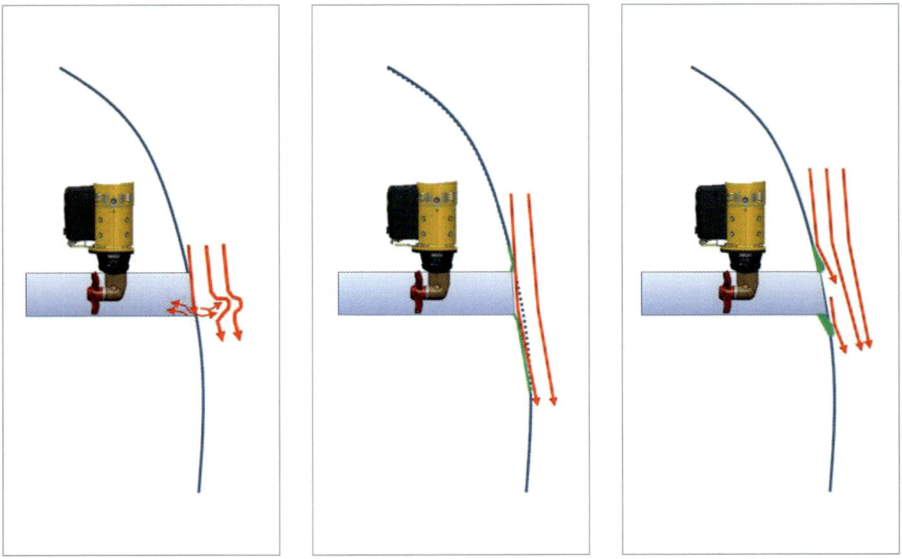

Um Turbulenzen durch den sich verjüngenden Bug zu verhindern, wurde am Bugstrahltunnel ein Spoiler modelliert. [Quelle: *Vetus,* J. Feddern]

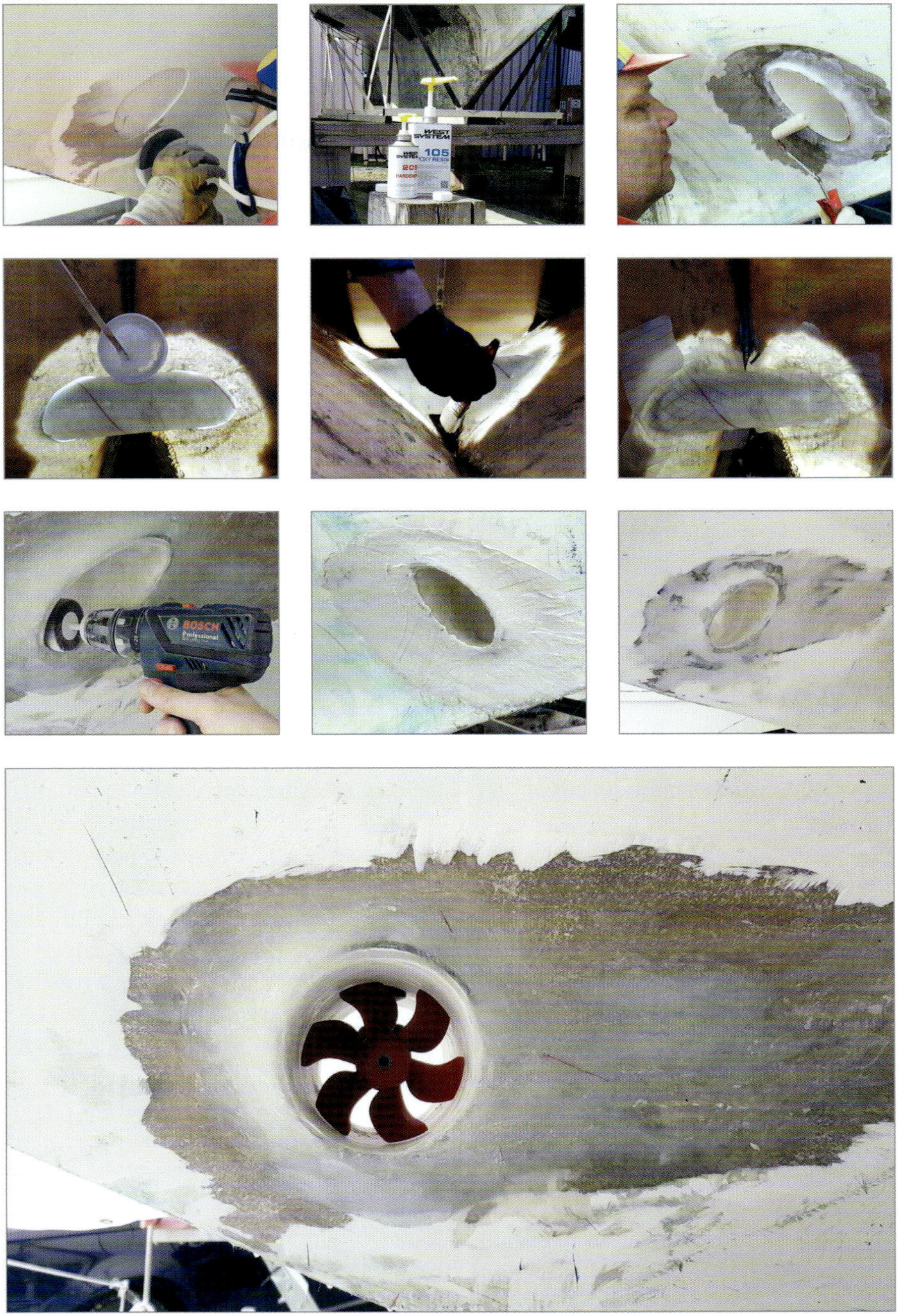

Das Gelcoat wurde großzügig abgetragen und der GFK-Tunnel von innen und außen einlaminiert. Anschließend erfolgte mehrmaliges Spachteln und Schleifen.

Spachtelmasse wurde der Spoiler mit der Schleifmaschine in die gewünschte Form gebracht.
Anschließend wurden die Verbindungsstellen Rumpf-Tunnelrohr großzügig mit einem Pinsel mit Harz benetzt, Geweberechtecke um die Kanten (außen und innen) eingedrückt und wiederum in Harz kräftig getränkt, bis das Gewebe praktisch durchsichtig war. Nachdem rundherum jeweils drei Schichten aufgetragen waren, wurden diese mit Abrissgewebe versehen und durften aushärten. Dieser Vorgang hat sich noch 2-mal wiederholt, sodass alle Kanten letztendlich mit 9 Lagen Glasgewebe versehen waren. Im Innenbereich wurde die Konstruktion noch etwas geschliffen, insbesondere der Bereich, an dem der Antrieb montiert werden sollte, und anschließend mit einer Epoxid-Grundierung zweifach gestrichen. Zusätzlich wurde vor dem Tunnelrohr eine angepasste Sperrholzplatte einlaminiert, die als Schott für den neuen Trinkwassertank dient.
Die Bordwand musste wieder so glatt wie vorher werden. Daher wurde hier noch mehrfach gespachtelt und geschliffen, diesmal jedoch mit einem Epoxid-Feinspachtel. Besonders die Innenseite des Tunnels musste mit runden Schleifinstrumenten geglättet werden, da der Propeller nur wenig kleiner als der Rohrinnendurchmesser ist.

7.3 Montage der Antriebseinheit

Der Antrieb des Bugstrahls besteht aus drei Teilen: dem Unterwasserteil, das von außen durch den Tunnel eingeführt wird sowie einem Zwischenflansch und dem Motor, die beide von innen montiert werden wollen.

Die richtige Position im Tunnelrohr habe ich bestimmt, indem ich die Antriebseinheit von außen im Tunnel so angehalten habe, dass der Propeller sich in der Mitte des Tunnels befand und keine Teile aus dem Tunnel herausragten. Für das exakte Bohren der notwendigen Löcher konnte ich auf der Webseite von *Vetus* eine Bohrschablone herunterladen. Diese musste exakt mittig und parallel zum Tunnel ausgerichtet werden. Mit einem Winkel konnte ich hierfür auf der Oberseite des Rohrs genau zum Tunnel parallel verlaufende Linien anzeichnen. Aus diesen Messungen wurde die Mitte des Rohres bestimmt und die Bohrschablone mit Klebeband auf dem Rohr befestigt. Die vier erforderlichen Löcher waren schnell gebohrt und das Unterwasserteil konnte provisorisch im Tunnelrohr montiert werden.
Für die Endmontage wurden die Oberflächen noch einmal penibel glattgeschliffen und die mitgelieferten Dichtungen mit einer dauerelastischen Dichtungsmasse eingeklebt. Von innen wurde der Zwischenflansch ebenso abgedichtet und mit zwei Edelstahlschrauben mit dem Unterwasserteil verschraubt. Der Motor wurde auf den Zwischenflansch aufgesteckt und mit drei Schrauben befestigt. Da dieser senkrecht nach oben montiert werden konnte, waren keine weiteren Verstärkungen erforderlich. Das wäre notwendig geworden, wenn der Motor aus Platzgründen um mehr als 30° geneigt montiert worden wäre.
Die Montage des Propellers war ebenso einfach: durch die Antriebswelle wurde ein kleiner Stift gesteckt, der letztendlich das Drehmoment auf den Propeller überträgt. Der Propeller wurde mittig mit einer Innensechskantschraube

Die Montageöffnungen für die Antriebseinheit wurden exakt angezeichnet und mit entsprechenden Dichtungen eingebaut. Für den elektrischen Anschluss mussten große Kabelquerschnitte verarbeitet werden.

befestigt, die zur Schraubensicherung mit *Loctite* eingeklebt wurde. Eine kurze Drehprobe stellte sicher, dass der Propeller nirgendwo am Tunnelrohr schabte.

Um den Propeller des Bugstrahls anzutreiben, gibt es verschiedene Möglichkeiten auf dem Markt. Befindet sich eine Hydraulikanlage an Bord, so kann die Kraftübertragung elegant mit einem Hydraulikmotor realisiert werden. Aus Mangel an dieser Technik kam auf meiner *Hurley* nur ein Elektromotor infrage. Auch hier hat man die Qual der Wahl zwischen einem modernen, bürstenlosen Motor mit stufenloser Drehzahlregelung oder der klassischen Variante des Kollektormotors mit Kohlebürsten und einfacher An-Aus-Schaltung. Auch wenn der Wirkungsgrad der modernen Systeme noch einmal spürbar besser ist, sollte die klassische Variante für meine alte *Hurley* ausreichend sein, da der Preisunterschied gerade bei den kleinen Systemen erheblich ist. Die Energieversorgung wird mit einer 88-Ah-Gelbatterie von Exide sichergestellt, die bereits in der Bilge montiert war. Somit mussten nur die Versorgungsspannung sowie zwei Anschlüsse zur Ansteuerung der Drehrichtung angeschlossen werden. Für die Versorgungsspannung wurden Leitungen mit einer Querschnittsfläche von 50 mm^2 verlegt. An den Enden wurden Kabelschuhe mit 8 mm Bohrung professionell verquetscht und mit Schrumpfschlauch mit integriertem Schmelzkleber versiegelt. Der Montageraum für diese dicken Leitungen war unter der Motorhaube beengt, doch die Anschlüsse waren relativ gut zugänglich. Am Motor sind bereits zwei elektrisch bedienbare Schalter (Relais) inklusive Freilaufdiode montiert, die die Umschaltung der Drehrichtung organisieren. In Reihe ist eine Thermosicherung des Motors geschaltet, sodass der Motor automatisch abschaltet, sobald es zu einer Überhitzung kommen sollte. Ferner befanden sich für das Bediengerät noch ein Sicherungselement und ein Verbindungsstecker an der Einheit, die ich jedoch demontiert habe, da ich eine eigene Bedieneinheit konstruiert hatte.

Die gesamte Anlage wurde schlussendlich mit dem Deckel des ehemaligen Trinkwassertanks abgedeckt, nachdem dieser vorher gründlich gereinigt wurde. An der Stelle des Bugstrahlantriebs habe ich eine Inspektionsklappe eingebaut, um einfach im Betrieb nach dem Rechten zu schauen.

Die Bedienung des Bugstrahls wollte ich in meinem Cockpit an der Rückwand, neben der Ruderpinne montieren. Da dieser Ort gegen die Fahrtrichtung liegt, würden die Bedientasten des vom Hersteller gelieferten Bedienpanels in meinem Fall seitenverkehrt sein. Daher habe ich aus einer Aluminium-Sandwichplatte ein eigenes Panel, bestehend aus zwei Edelstahl-Leuchtdrucktasten (Backbord und Steuerbord) und einem Ein-Aus-Druckschalter konstruiert. Mit diesem Schalter wird ein Relais angesteuert, das in der Hauptschalttafel die Versorgungsspannung für den Bugstrahlmotor freigibt. Dort erfolgt auch die Absicherung des Bugstrahlantriebs mit einem 100 A *ETA*-Leitungsschutzschalter.

7.4 Betrieb und praktische Erfahrungen

Der große Moment nahte, als meine *Hurley* nach dem Winterlager endlich wieder ins Wasser durfte. Aber waren meine handwerklichen Fähigkeiten ausreichend, oder säuft der Dampfer vor meinen Augen ab? Meine *Hurley* ist kein

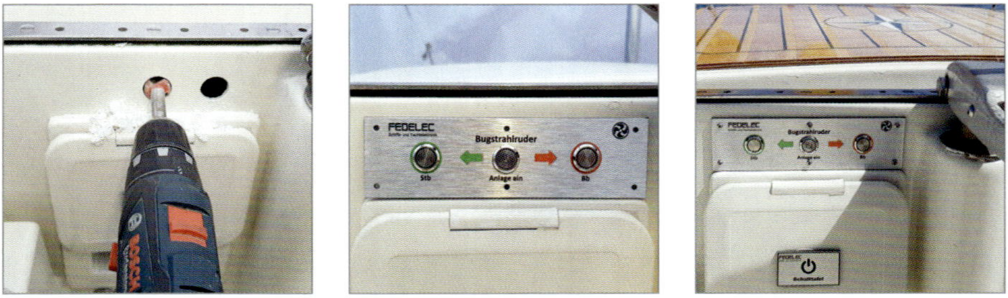

Für die Bedienung des Bugstrahls wurde eine eigene Bedieneinheit erstellt, da diese entgegen der Fahrtrichtung im Schott zum Motorraum eingebaut wurde.

Rennboot, aber wird der Bugstrahltunnel sie erst recht zu einer lahmen Ente machen? Wird das Bugstrahlruder bei einem 2,4 Tonnen schweren Langkieler überhaupt eine Wirkung haben oder nur ein wenig Wasser verquirlen?
Mit diesen Fragen im Hinterkopf krabbelte ich an Bord, als es zur Sicherheit noch in den rettenden Gurten des Krans hing. Zur ersten Erleichterung konnte ich feststellen, dass alles dicht war.
Nun erfolgte eine gründliche Erprobung in See. Die Strommessung ergab, dass das Bugstrahlruder gut 150 A im Betrieb aufnimmt, was einer elektrischen Leistung von etwa 1.600 W entspricht. Das sah schon einmal sehr gut aus.
Eine Besonderheit meiner *Hurley 700* ist, dass der Außenborder hinter dem Ruder befestigt ist und somit der Propeller nicht das Ruder anströmt. Das bedeutet, dass die Ruderwirkung bei Vorausfahrt erst nach circa einer Bootslänge einsetzt. Zusätzlich stellt sich auf Rückwärtsfahrt ein deutlicher Radeffekt ein, sodass in diesem Fall nur eine Ruderwirkung eintritt, wenn das Boot vorher vollständig zum Stillstand gekommen war. Die erste Bewährungsprobe machte das Bugstrahlruder somit beim Testen der Rückwärtsfahrt und es funktionierte fantastisch: obwohl auf Rückwärtsfahrt noch keine Ruderwirkung bestand, konnte die *Hurley* durch einen kurzen Tastendruck mit dem Buggi sofort auf Kurs gebracht werden. Rückwärts anlegen in (fast) jede Box, selbst mit dem Wind und allein an Bord, ist mittlerweile das reinste Vergnügen.
Auch bei Vorausfahrt erzielt das Bugstrahlruder den gewünschten Effekt: Das Drehmoment ist deutlich spürbar und der Propeller ist tief genug, ohne Luft anzusaugen. Ein Anleger an der Pier bei Windstärke 5 konnte unproblematisch bewerkstelligt werden. Möchte man nach Luv ablegen, so bietet sich ohne Bugstrahlruder an, zuerst in die Vorspring einzudampfen, um das Heck von der Pier wegzubekommen, und dann zügig mit Hart-Ruderlage loszufahren. Mit dem Bugstrahlruder ist dieses Manöver deutlich einfacher: will man beispielsweise nach Backbord von der Pier ablegen, so können alle Leinen gelöst werden. Bei Vorausfahrt wird das Ruder hart nach Steuerbord gelegt, um das Heck freizubekommen, und gleichzeitig wird mit dem Buggi der Bug nach Backbord von der Pier weggedrückt. So fährt man fast seitlich von der Pier weg und kann das gleiche Verfahren auch für das Anlegen an der Pier verwenden.
Und wie hat sich der Tunnel während der Fahrt bemerkbar gemacht? Zum Glück gar nicht! Es gibt keine unbekannten Strömungsgeräusche. Sowohl bei Leichtwind als auch bei stärkeren Brisen konnten keinerlei Einschränkungen festgestellt werden. Also eine erfolgreiche Mission!

Auch auf einem kleinen Boot ist das Bugstrahlruder ein angenehmer Luxus, besonders wenn man allein an Bord ist.

8 Voll unter Strom

Am elektrischen Zustand meiner *Hurley* gab es eigentlich nichts zu meckern – außer, dass praktisch keine elektrische Installation vorhanden war. Das ist ein Paradies für den ambitionierten Bordelektriker, denn er kann sich – ohne Vorbelastung – so richtig austoben.

8.1 Die Anforderungen an die Elektrik

Meine *Hurley* ist zwar nur knapp sieben Meter lang, aber das sollte mich nicht davon abhalten, sie mit einer zeitgemäßen Elektroinstallation zu versehen, wie ich sie von größeren Schiffen gewöhnt war. Ich kann ja nichts dafür, dass das Schiff so klein ist …

Die Anforderungen des stolzen Eigners konnten schnell erfasst werden:

- Die Beleuchtung an Bord wird mit energiesparenden LEDs ausgerüstet. Sie soll eine harmonische Ausleuchtung unter Deck und eine gute Arbeitsbeleuchtung an Deck ermöglichen.
- Es soll ein Kühlschrank oder eine Kühlbox vorgesehen werden, die mindestens zwei Tage autarken Betrieb ermöglicht.
- Um den Skipper bei Laune zu halten muss der Betrieb einer *Nespresso*-Maschine auch unterwegs möglich sein.
- Die Technik soll so vorbereitet sein, dass ein elektrisches Bugstrahlruder betrieben werden kann.
- Das Schiff wird mit zeitgemäßen Navigationsgeräten ausgerüstet (Windmessanlage, Kompass, Log, Echolot, GPS, UKW etc.), die – wenn nötig – unabhängig von den anderen elektrischen Verbrauchern betrieben werden können.
- Es soll möglich sein, dass die

Ohne Strom an Bord, gibt es am Abend auch kein Licht in der Kajüte.

Batterien vom Motor über einen Windgenerator und natürlich über den Landanschluss geladen werden können. Unter Landanschluss soll mit kräftig Wums geladen werden, um auch kurze Liegezeiten effektiv nutzen zu können.

- Der Energiefluss wird transparent erfasst und kann auch über das Smartphone oder ein Tablet überwacht werden.
- Die gesamte Installation muss den geltenden Normen entsprechen und besonders die 230-V-Installation muss von einem zugelassenen Inspektor abgenommen werden (ist Vorschrift in der Schweiz).

8.2 Das Konzept in groben Zügen

Aus diesen Anforderungen lässt sich das Konzept für die zukünftige Bordelektrik bereits erahnen.

- Es werden zwei unabhängige Batteriesätze benötigt, die über Umschalter miteinander verbunden und getauscht werden können.
- Der erste Satz muss so dimensioniert sein, dass das Bugstrahlruder mit circa 1 kW betrieben werden kann (da fließen schnell mal 100 A). Diese Batterie muss in der Lage sein, den notwendigen Strom zu liefern, ohne dass die Spannung zu sehr einbricht. Und sie muss genügend Kapazität haben, um das Buggi für die zu erwartenden Manöver zu versorgen. Als Annahme wurden 12 Manöver à 2 Minuten angenommen. Daraus ergeben sich (12 x 2) / 60 h x 100 A = 40 Ah.
- Der Energiebedarf der Navigationselektronik und weiterer Geräte, die

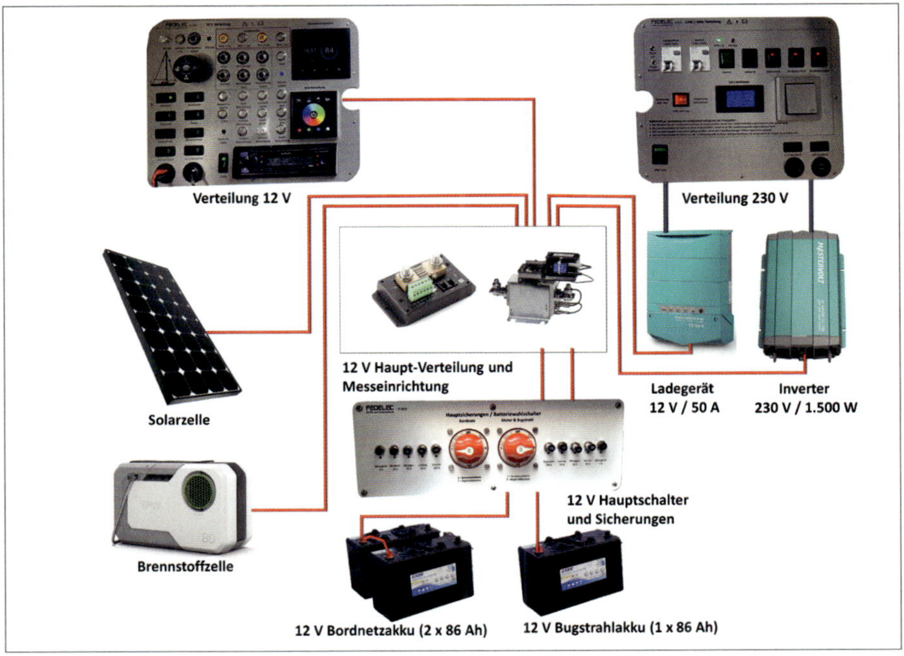

Blockschaltbild der Bordelektrik.

aus dieser Batterie versorgt werden sollen, wird mit 20 Ah geschätzt. Somit sollte Batterie 1 über eine nutzbare Kapazität von circa 60 Ah verfügen.

- Der zweite Energiespeicher muss in der Lage sein, den größten Verbraucher, einen Inverter, zu betreiben, der die gewünschte *Nespresso*-Maschine (1.400 W Energiebedarf) mit ausreichend Saft versorgen kann. Hierfür wurde ein Mastervolt Sinusinverter mit 1.500 W Dauerleistung gewählt. Die Zubereitung dauert nur wenige Minuten. Um den Energiebedarf abzuschätzen, wird zuerst der zu erwartende Strom ermittelt. 1.400 W ergeben circa 120 A. Ein Kaffee dauert mit Aufheizen etwa 2 Minuten, also 0,03 h. Bei 8 Bechern für die zweiköpfige Crew in zwei Tagen ergeben sich 32 Ah. Zusätzlich soll der Kühlschrank für mindestens 48 Stunden im autarken Betrieb laufen. Bei einer durchschnittlichen Stromaufnahme von 2,5 A ergeben sich in 48 Stunden circa 120 Ah.
- Die Beleuchtung wird in LED-Technik ausgeführt, was sich positiv auf die Energiebilanz auswirkt. Bei 4 Betriebsstunden in 48 h ergeben sich hierfür nochmals etwa 15 Ah.
- Für weitere Verbraucher (Radio etc.) wird noch mal ein Zuschlag von 10 Ah gerechnet. Somit ergibt sich für Batteriesatz 2 eine gewünschte verfügbare Kapazität von 177 Ah.

Ob sich diese Wünsche wirklich in die Praxis umsetzen lassen, hängt davon ab, ob an Bord ein passender Platz für die erforderlichen Batterien gefunden werden kann.

8.3 Auswahl der passenden Energiespeicher

Schiffsbatterien sind groß und schwer. Sie brauchen also Platz und haben einen Einfluss auf den Schwerpunkt des Bootes.

Da meine *Hurley* mit mehr als einer Tonne Ballast ausgerüstet ist, bot es sich an, die Batterien direkt auf diesem Ballastkiel zu platzieren, um einen geringen Einfluss auf den Schwerpunkt zu haben. Die Bilge wurde also als bevorzugter Platz auserkoren. Ist das ein idealer Platz? Jein! Unter der Annahme, dass in der Bilge mal Wasser stehen könnte und dass dies der erste Ort ist, der bei Wassereinbruch geflutet wird, kann man aus Sicht der Sicherheit und Verfügbarkeit Bedenken anmelden. Bei der Risikoabwägung wurde berücksichtigt, dass nur vollständig geschlossene AGM- oder Gel-Batterien zum Einsatz kommen werden. Ein Eindringen von Wasser und eine Vermischung mit den Elektrolyten kann somit ausgeschlossen werden.

Die Bilge wird im Falle eines Wassereinbruchs von Hand gelenzt, es besteht also kein Risiko, dass man ohne elektrische

Drei 12-V-Gel-Akkus mit jeweils 86 Ah haben an Bord angeheuert.

Bilgepumpe langsam aber sicher absäuft. Für den Fall, dass wirklich ein vollständiger Blackout eintreten sollte, befindet sich ein batteriebetriebenes, weißes Rundumlicht, eine Taschenlampe, ein Akku-Suchscheinwerfer sowie ein Hand-UKW-Funkgerät an Bord. Und außerdem ist der Dampfer die letzten 40 Jahre ganz ohne Strom ausgekommen.

Also wurde die Bilge als Installationsort für die Batterien gewählt und hat somit die maximalen geometrischen Abmessungen bestimmt. Diese sind schmal, lang und relativ hoch.

Als Energiespeicher wurden nur bewährte Schiffsbatterien in Erwägung gezogen. Starterbatterien aus dem Baumarkt sind nur für kurzzeitige Startvorgänge gedacht. Ihre Kapazität kann nur zu 20 % ausgeschöpft werden und durch ihre geringe Zyklenfestigkeit werden sie schnell finanziell zu einem Fass ohne Boden. Zudem kommen Batterien mit flüssigen Elektrolyten gar nicht in Frage, da das Boot hart am Wind schon mal mehr als 30° krängen kann und man die Suppe bestimmt nicht in der Bilge haben möchte.

Auf der Wunschliste waren Gel-, AGM- oder Lithium-Ionen-Batterien: Lithium-Ionen wären mit ihrer hohen Energiedichte bei vergleichsweise geringem Gewicht, der fast zu 100 % ausschöpfbaren Kapazität und der Schnellladefähigkeit besonders für eine Neuinstallation sehr interessant gewesen. Da diese Investition jedoch den Zeitwert des Bootes bei weitem überschritten hätte, bleibt diese Variante ein Traum.

So waren noch AGM- und Gel-Batterien im Rennen. AGM-Batterien waren durch ihre Lade- und Entladefähigkeit mit hohem Strom schon recht

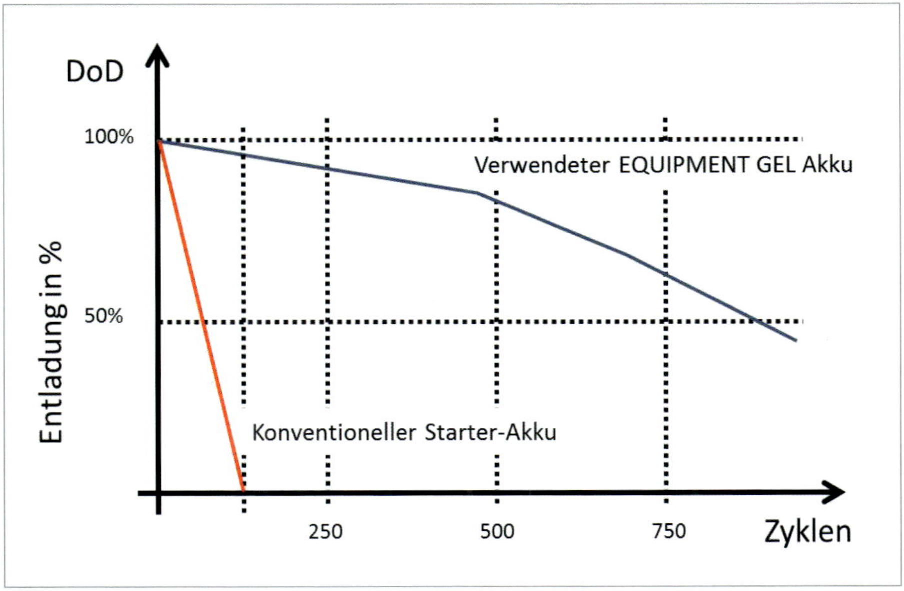

Die Zyklenfestigkeit von Gel-Akkus ist deutlich höher als bei konventionellen Starterakkus.

Die 12-V-Akkus haben ihre neue Heimat tief in der Bilge gefunden. Zur Befestigung wurde eine Holzplatte angefertigt und eingeklebt, an der die Akkus verzurrt wurden.

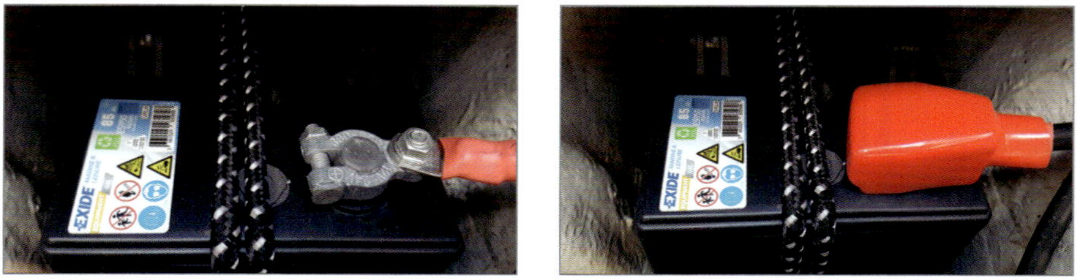

Für die Batterieanschlüsse wurden Batterieklemmen mit M8 Bolzen verwendet, die mit Gummitüllen berührungssicher geschützt wurden.

verlockend. Die nutzbare Kapazität beträgt jedoch nur circa 50 % der Nennkapazität. Daher machten die Gel-Batterien das Rennen, die eine nutzbare Kapazität von etwa 75 % haben und eine deutlich bessere Zyklenfestigkeit, also Lebensdauer, als ihre AGM-Geschwister aufweisen.

Die Firma *Exide*, als führender Batteriehersteller u. a. für Marineanwendungen seit vielen Jahren bekannt, hat ein sehr umfangreiches Batterie-Sortiment mit besonderen Abmessungen. So konnte ich drei Batterien auswählen, die den verfügbaren Platz optimal ausnutzen konnten. Zum Einsatz kamen drei *ES950*-GEL-Batterien mit einer Nennkapazität von 85 Ah, was einer nutzbaren Kapazität von 64 Ah entspricht. Batterie eins wird demnach 64 Ah zur

Verfügung stellen, Batterie zwei durch Parallelschaltung von zwei Batterien sogar 128 Ah. Das ist das Maximum, das aus dem verfügbaren Platz herausgeholt werden kann.

Gemäß der Wunschliste sollte Batterie eins 60 Ah liefern, das passt also schon mal perfekt.
Für Batterie 2 wurden 177 Ah gefordert. Das ist mit den verfügbaren 128 Ah – die gut 70 % der gewünschten Kapazität entsprechen – nicht möglich. Also entweder den Verbrauch reduzieren (z. B. die Kühlbox zwischendurch ausschalten, weniger Kaffee trinken), Lademöglichkeiten unterwegs ermöglichen oder früher an die Steckdose kommen.
In der Praxis hat sich inzwischen herausgestellt, dass diese Annahmen auch eingetroffen sind. Der installierte Batteriewächter gibt fortlaufend an, wie lange die Kapazität noch ausreicht. Im Betrieb der Kaffeemaschine über den Umwandler hat sich gezeigt, dass sich dieser schon deutlich vor dem Erreichen der Minimalkapazität automatisch abschaltet, da – seiner Meinung nach – die Spannung zu sehr eingebrochen ist. Zu Beginn der Reise ist das noch kein Problem, aber am Ende des zweiten Tages kann es schon eng werden.
Bevor die Batterien ihre neue Bestimmung in der dunklen Bilge antreten konnten, musste für eine sichere Montage und Fixierung gesorgt werden. Hierfür wurde aus Packpapier eine Schablone der Grundfläche erstellt und auf eine wasserfeste Sperrholzplatte übertragen. Diese wurde mit Schlingerleisten und Edelstahlaugbolzen versehen. Diese Grundplatte wurde anschließend mit *Sikaflex* in der Bilge fixiert. Die Batterien konnten zum Abschluss mit Spanngurten sicher in der Bilge befestigt werden, und bewegen sich auch bei einer kräftigen Brise hoch am Wind keinen Millimeter.

8.4 Pflege und Wartung der Batterien

Die Batterien sind zwar wartungsfrei, sollten aber in der Bilge nicht ohne Pflege ihr Dasein fristen.
So wird vom Ladegerät aus ständig Fieber gemessen, um sie nicht in thermischen Stress zu bringen. Das tägliche Fitnessprogramm wird für jeden Batteriesatz mit einem Megapulse-Batteriepulser abgearbeitet. Durch das Entladen entsteht an den Batterieplatten Sulfat. Diese Sulfatkristalle verringern kontinuierlich deren Oberfläche, was zu Kapazitätsverlust und schlussendlich zum Tod der Batterie führen kann. Der Megapulse schickt – wie der Name schon sagt – kontinuierlich kurze Impulse in die Batterie, wodurch die Sulfatkristalle das Weite suchen und von den Platten verschwinden. Diverse Tests haben die Wirksamkeit dieser Technologie belegt, sodass auch bereits geschädigte Batterien regeneriert werden konnten. Aber so weit will ich es mit meinen neuen

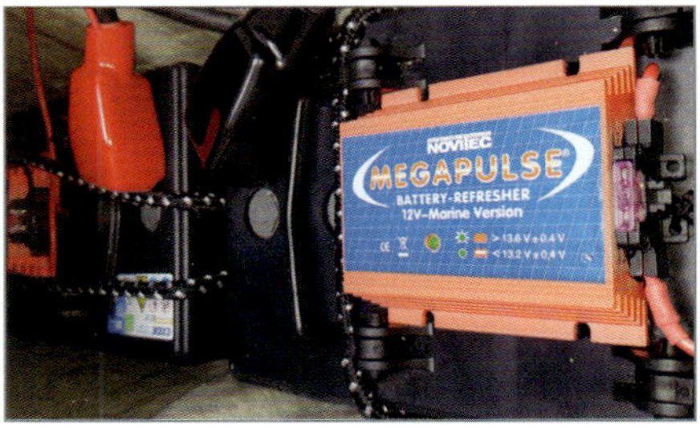

Alle Akkus wurden mit einem *Megapulse*-Batterieauffrischer versehen, um ihre Lebensdauer zu erhöhen.

Batterien gar nicht erst kommen lassen. Der Hersteller möchte, dass der Megapulse mit seinen 1,5-mm^2-Leitungen direkt an den Batteriepolen angeschlossen wird. Hier habe ich der Zuleitung jeweils eine fliegende 10-A-Sicherung spendiert. Grundsätzlich bin ich skeptisch, Geräte vor dem Hauptschalter direkt an die Batterie anzuklemmen. In diesem Fall lässt sich das aber nicht vermeiden, da der Megapulse die kurzen Wege zur Batterie benötigt und es keine Elemente im Stromkreis geben darf, die die Impulse dämpfen würden. Mit meiner fliegenden Sicherung muss er nun trotzdem klarkommen.

Das Gerät verfügt über eine automatische Abschaltung, sodass es nicht selbst die Batterien leersaugt und eine schädigende Tiefentladung herbeiführt. Die Marineversion schaltet bei 13,2 V aus, sodass noch genügend Saft übrigbleibt.

8.5 Ladestrategie

Als erstes stand das Laden über den Landanschluss im Fokus. Das Gerät sollte das gleichzeitige Laden von mindestens zwei getrennten Batteriesätzen ermöglichen. Bei Gel- und AGM-Batterien ist die alte 10 % Regelung zur Dimensionierung der Ladegeräte nicht mehr relevant, da sie deutlich höhere Ladeströme vertragen. Bei diesem Batterietyp ist ein geregeltes Ladegerät mit IoUo-Kennlinie erforderlich, was anderes sollte nicht an Bord kommen. Auch hier musste ich mit dem verfügbaren Platz auskommen. Als idealer Kandidat stellte sich der *Mastervolt Chargemaster* mit 50 A Ladestrom und drei unabhängigen Ausgängen heraus. *Mastervolt* ist seit Jahrzehnten als Spezialist für mobile Energieversorgung bekannt und dementsprechend eilt ihren Geräten ein sehr guter Ruf voraus. Zudem passte das Gerät optimal zu den begrenzten Platzverhältnissen bei mir an Bord. Der geforderte Wums war also gegeben.

8.6 Dimensionierung der Kabel und Leitungen

Die Energieversorgung war somit sichergestellt. Nun ging es um die Verteilung, Absicherung, Überwachung und Bedienung sowie die Verkabelung zu den diversen Verbrauchern.

Es ist eine echte Herausforderung, auf so einem kleinen Schiff genügend Platz zu finden, um all die Technik unterzubringen und die Installationen vorzunehmen. Darüber hinaus sollte sowohl eine ergonomische Bedienung möglich sein als auch eine optisch ansprechende Umsetzung gefunden werden, frei nach dem Motto »Technik darf auch schön sein«.

Von den Batterien müssen auf möglichst kurzem Weg die Batteriehauptschalter sowie die Hauptsicherungen gut zugänglich montiert werden. In diesen Zuleitungen müssen die Messeinrichtungen eingebaut werden, um einen guten Überblick über den gesamten Energiehaushalt zu haben.

Die erwarteten Leistungen (P) waren mit dem Inverter und dem Buggi relativ groß, sodass bei der geringen Spannung von 12 V nach P = U x I hohe Ströme von weit über 100 A auftreten. Diese müssen die Kabel und Leitungen erst einmal vertragen. Es geht nicht nur darum zu vermeiden, dass die Leitungen zu warm werden oder sogar in Rauch aufgehen, durch die geringe Bordspannung muss der Spannungsabfall über die Leitungen

so gering wie möglich gehalten werden. Dieser wird von der Leitungslänge, dem Material des Leiters sowie seiner Querschnittsfläche beeinflusst.
Aus Erfahrungswert habe ich für die Hauptleitungen ein Kupferkabel mit einer Querschnittsfläche von 50 mm² vorgesehen. Wenn man möchte, kann man diese Dimensionierung etwas professioneller berechnen:
Die Leitungslängen innerhalb der Verteilung betragen in Summe 1,5 m, für Hin- und Rückleiter also 3 m. Der maximal zu erwartende Strom beträgt kurzzeitig 120 A. Der spezifische Widerstand für Kupfer beträgt 0,0178 Ω*mm²/m, sodass sich ein Leitungswiderstand von 0,0178 Ω*mm²/m x 3 m / 50 mm² = 0,0011 Ohm ergibt.
Das Ohmsche Gesetz (U = R x I) liefert einen maximalen Spannungsabfall von circa 0,13 V (gut 1 %). Diese gehen auf dem Transport verloren. Bei einer Batteriespannung von 12 V würden also bei Maximalbelastung an den Klemmen nach der Verteilung noch 11,87 V zur Verfügung stehen. Damit kann man leben. Jetzt ist aber noch zu prüfen, wie hoch ein 50 mm² Kabel belastet werden darf. In meinem Buch Theorie und Praxis der Bordelektrik, erschienen im Delius Klasing Verlag, findet man auf Seite 24 eine Tabelle mit dem zulässigen Dauerstrom sowie der erforderlichen Nennstromsicherung für Ein- und Mehrleiterkabel. Dort ist das 50-mm²-Einleiterkabel mit 105 A Dauerstrombelastung angegeben und es muss mit 100 A abgesichert werden. Nun stellt sich die Frage, warum ich es trotzdem für die zu erwartenden 120 A des Inverters verwende. Weil es sich hierbei um eine kurzzeitige, maximale Belastung handelt, also keine Dauerbelastung. Zudem sind die Leitungslängen so kurz, dass der Spannungsabfall akzeptiert werden kann. Wichtig ist aber, dass die Hauptsicherung nicht 100 A übersteigt. Ein Blick in die Installationsanleitung des Inverters von *Mastervolt* zeigt, dass auch der Hersteller für dieses Gerät ein 50 mm²-Kabel empfiehlt.

Große Ströme benötigen dicke Kabelquerschnitte. Die Anschlüsse müssen besonders sorgfältig ausgeführt werden, wofür man das richtige Werkzeug benötigt.

8.7 Die Hauptschalttafel

Wo können die Batteriehauptschalter sowie die Hauptsicherungen installiert werden? Als idealer Platz bot sich die Backskiste an Backbord in unmittelbarer Nähe der Batterien an. Um den Installationsaufwand auf dem wackligen Dampfer gering zu halten, strebte ich, soweit es möglich war, eine Vorfertigung in der Werkstatt an. Im Bootszubehörladen bin ich auf Schränke für einen 2 kg schweren Feuerlöscher gestoßen, die für den Schotteinbau gedacht sind. Für meinen Feuerlöscher wurde so ein Schrank direkt vorgesehen. Mit etwas Kreativität entdeckt der Bordelektriker darin aber auch einen idealen Schaltkasten für die Hauptschalter und -sicherungen. Man muss nur eine passende Frontplatte erstellen und diese etwas versenkt in dem Kasten montieren. Dann kann die Einheit wunderbar in die Backskiste eingelassen werden, ist gut isoliert und wunderbar von außen zugänglich. Gesagt - getan: Als Hauptschalter habe ich zwei Batterieumschalter von Blue Sea gewählt. Sie sind sehr kompakt gebaut, können 300 A schalten und sind für verschiedene Montagearten geeignet. Somit lassen sie sich wunderbar in einem Schaltpanel einbauen. Hiermit wird es möglich sein,

Hauptschalter und-sicherungen eingelassenin eine Backskiste.

für beide Stromnetze die jeweilige Batterie beliebig auszuwählen und - wenn erforderlich - können alle drei Batterien parallelgeschaltet werden. Sicherungen für hohe Ströme von 100 A und mehr sind etwas größere Geschütze. Schmelzsicherungen sind zwar günstig, brauchen jedoch entsprechende Ersatzteile an Bord. Zudem ist der Fronteinbau in dieser Stromstärke nicht mehr möglich. Daher habe ich mich für Sicherungsautomaten von *ETA* entschieden, die sehr kompakt in einer Frontplatte integriert werden können. Diese Geräte sind bei Booten und Yachten weltweit bekannt und werden in der Industrie sowie Luft- und Raumfahrt eingesetzt. Somit werden sie bei mir an Bord auch für ausreichend Sicherheit sorgen.

Wichtig bei der Auswahl der richtigen Sicherung ist die Nennstromstärke. Bei diesem Strom fliegt die Sicherung nicht raus, es handelt sich dabei um den Strom, den die Sicherung zuverlässig verträgt. Steigt der Strom weiter an, so betrachtet die Sicherung das erst einmal gemütlich. Verdoppelt sich der Strom zum Beispiel, so kann es je nach Kennlinien durchaus mehrere Minuten dauern, bis die Sicherung abschaltet. Ist der Strom jedoch deutlich höher, so wird sie auf einmal wach und unterbricht den Stromkreis in Millisekunden. Für die zuverlässige Funktion der Sicherung (besser gesagt des Leitungsschutzschalters) ist es also wichtig, dass der für die Auslösung erforderliche Strom auch fließen kann. Sind die Leitungen dahinter zu dünn, dann gehen sie eher in Rauch auf, als dass die Sicherung davon Kenntnis nimmt. Deshalb muss jede Leitung grundsätzlich bei jeder Querschnittsänderung passend abgesichert werden.

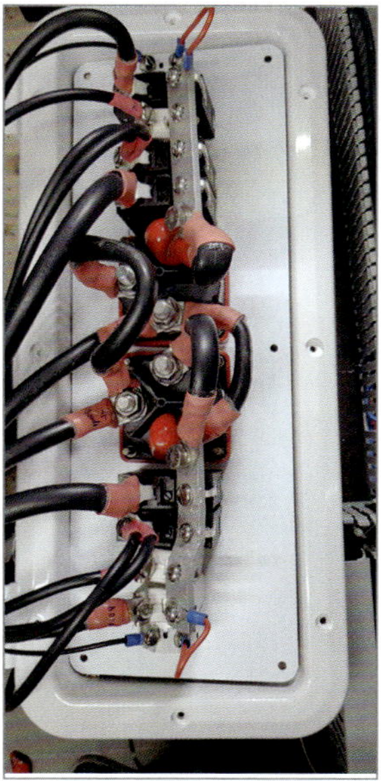

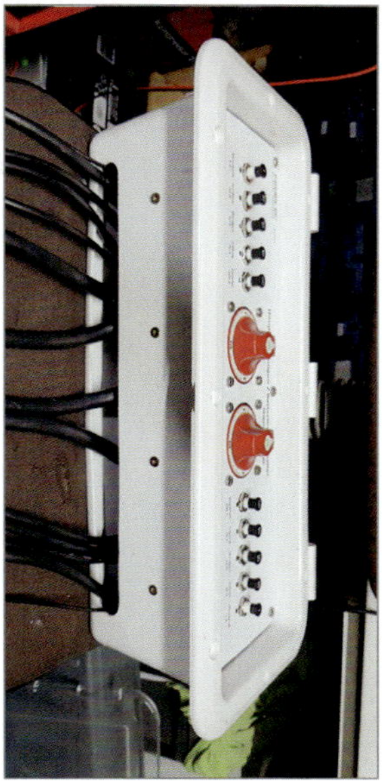

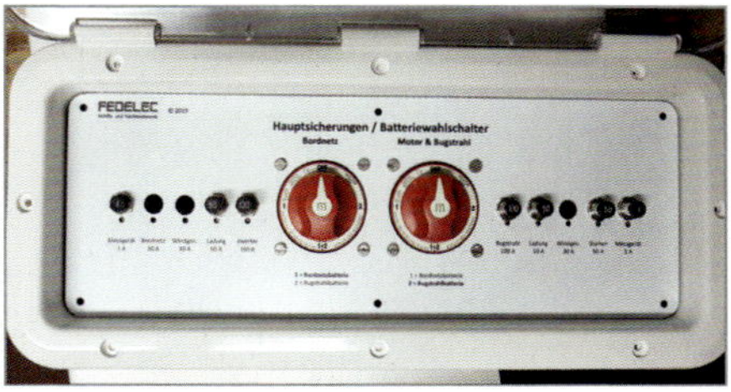

Ein Feuerlöschkasten wurde umfunktioniert, um dort die Hauptschalter und -sicherungen geschützt unterzubringen.

Auf der gegenüberliegenden Seite kam der gleiche Kasten in seiner ursprünglichen Funktion zum Einsatz.

In meinem Schaltpanel für die Hauptverteilung wurden weitere *ETA*-Schutzschalter für unterschiedliche Anwendungen installiert:

- Jeweils 50 A für das Laden beider Batteriesätze.
- 30 A jeweils für das Bordnetz und den zukünftigen Windgenerator.
- 1 A für die Messgeräte.
- Jeweils 50 A, falls es mal einen Außenborder mit E-Starter und Ladespule geben sollte.

Um die passende Frontplatte zu erstellen, ist das Werkeln dank Internetdienstleistungen deutlich einfacher geworden: Auf dem PC wird das Layout der Frontplatte 1:1 erstellt und die erforderlichen Ausschnitte (z. B. für die Hauptschalter) sowie die Position der Bohrlöcher markiert. Diese Daten werden elektronisch an z. B. *www.wirmachendruck.de* übermittelt, das gewünschte Material ausgewählt und wenige Tage später liegt die fertige Frontplatte im Briefkasten. Jetzt noch schnell die Löcher bohren und schon kann die Verteilung verdrahtet werden. Die Verkabelung sollte nicht unterschätzt werden, denn die Leitungen sind verdammt dick und damit sperrig. Durch die hohen Ströme, die zu erwarten sind, ist ein sorgfältiger Anschluss der Kabel eine Lebensversicherung für das Schiff. Denn die Batterien sind in der Lage, einen viel größeren Kurzschlussstrom zu liefern, als ich bisher in meinen Berechnungen berücksichtigt habe. Damit die Sicherungen zuverlässig auslösen können, muss sichergestellt werden, dass durch mangelhafte Sorgfalt im Kurzschlussfall kein Lichtbogen entsteht. Hier geht es um mögliche Stromstärken, mit denen Schiffbaustahl verschweißt werden kann!
Der Anschluss der Kabel erfolgte ausschließlich über geeignete Kabelschuhe, die mit professionellem Werkzeug fachgerecht verpresst wurden. Anschließend wurden diese durch Schrumpfschlauch mit integriertem Schmelzkleber versiegelt. Dies ist nicht nur ein optisch ansprechender Abschluss des Kabels, sondern es wird ein Eindringen von Kondenswasser in die Klemmstelle verhindert, das mit der Zeit zu Korrosion und Übergangswiderständen führen könnte. Die Zuleitung der Sicherungen in der Verteilung wurde statt mit Kabeln durch Schienen mit ausreichend Querschnittsfläche ausgeführt. Wo erforderlich, wurden die Anschlussbolzen der Hauptschalter mit entsprechenden Isolierungen abgedeckt, um – bedingt durch den engen Bauraum – jegliche Brücken zu vermeiden.

8.8 12-V-Hauptverteilung

Als nächstes wurde die 12-V-Hauptverteilung gebaut, die die gewünschten Messeinrichtungen, fernbedienbare Batteriehauptschalter sowie die Ladeeinrichtungen enthält. Als Standort wurde die Backskiste an Backbord gewählt, wo auch die Hauptverteilung eingelassen werden sollte. Auch diese wurde auf einer angepassten Montageplatte vorgefertigt. Diese Platten mussten vor der Installation an Bord in der Mitte halbiert werden, um sie durch die verfügbaren Öffnungen in die Backskiste zu bugsieren. Der Vorteil bestand darin, dass in den engen Verhältnissen nur die Anschlüsse vor Ort angeklemmt werden mussten, die übrige Verkabelung konnte unter besseren Bedingungen in

der Werkstatt ausgeführt werden.
Da in dieser Hauptverteilung dicke Anschlussklemmen für den Plus- und den Minuspol frei zugänglich waren, musste ich verhindern, dass durch Gegenstände, die aus Versehen in die Backskiste fallen könnten, ein Kurzschluss und ein damit verbundener Funkenregen ausgelöst werden. Hier ist Plexiglas ideal, da es sich nach Erwärmung durch eine Heißluftpistole biegen und formen lässt. Die erstellte Abdeckung wurde anschließend auf vier Gewindestangen montiert, die als Abstandshalter fungieren. Hierfür wurden in der Montageplatte entsprechende Einschlagmuttern befestigt.
In früheren Projekten habe ich häufig fernbedienbare Batteriehauptschalter von *ETA* verwendet, und diesen Luxus wollte ich bei mir an Bord nicht missen. Ich gebe zu, dass es für ein Boot dieser Größe etwas unüblich ist, aber – wie bereits erwähnt – kann ich ja nichts dafür, dass meine *Hurley* so klein ist.
Bei den *ETA*-Schaltern handelt es sich eigentlich um große Leitungsschutzschalter, die über eine Fernauslösung verfügen und über einen Magnetantrieb wieder eingeschaltet werden können. Die Ansteuerung erfolgt über beliebige Tasten. Diese Technologie hat – besonders auf größeren Schiffen – deutliche Vorteile:

- Der fernbedienbare Batteriehauptschalter kann gleichzeitig Hauptsicherung sein (wenn die Kabelquerschnitte stimmen).
- Die Schalter können auf kürzestem Weg in unmittelbarer Nähe der Batterien montiert werden. Eine einfache Zugänglichkeit ist nicht erforderlich, da sie fernbedient sind.
- Zur Not können sie wie ein überdimensionierter Leitungsschutzschalter von Hand bedient werden.
- Die Ansteuerung erfolgt über dünne

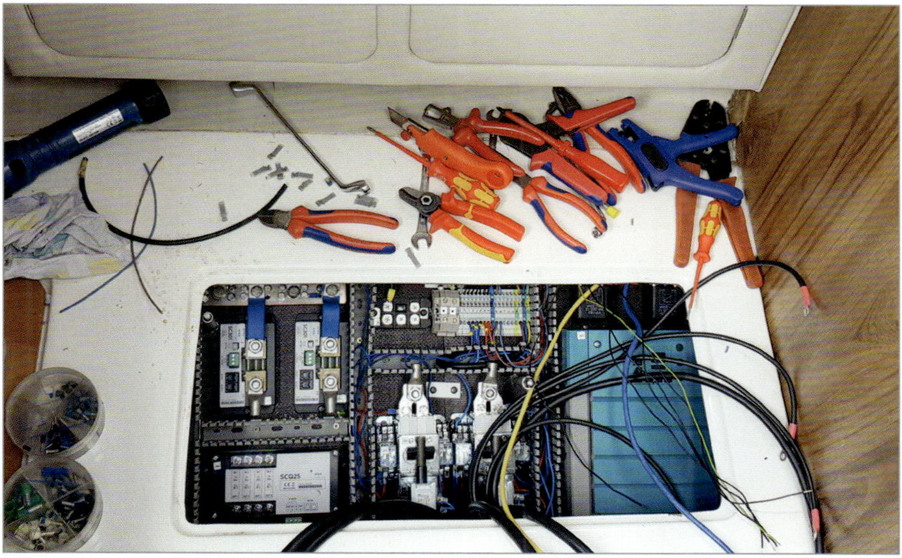

Die Montage der 12-V-Hauptverteilung in der Backskiste war aufgrund der dicken Kabel eine Herausforderung.

Leitungen mit einfachen Tasten (einer für »ein«, einer für »aus«). Die Absicherung für diese Leitung befindet sich bereits am Gerät.

Was ich nach wie vor an dem Gerät vermisst habe, ist ein kleines, aber wichtiges Bauteil für wenige Cent: eine Freilaufdiode für die Magnetspule. Wird eine Spule (z. B. Elektromagnet, Relais) abgeschaltet, so wird aufgrund der physikalischen Gesetzmäßigkeiten eine Spannung induziert, da die Spule nicht akzeptieren will, dass der Stromkreis unterbrochen wurde. Dieser Impuls ist zwar sehr kurz, kann aber trotzdem recht hoch sein und hat schon einige empfindliche Geräte an Bord in die ewigen Jagdgründe geschickt. Mit einer einfachen Diode (z. B. *1N4004*), die antiparallel zur Spule angeklemmt wird, wird der Impuls kurzgeschlossen und kann keinen Schaden mehr anrichten.

Wer also in diesen – wirklich genialen – Schalter investiert, sollte in seinem Budget noch zehn Cent für die Freilaufdiode vorsehen.

Batteriefernschalter mit nachgerüsteter Freilaufdiode.

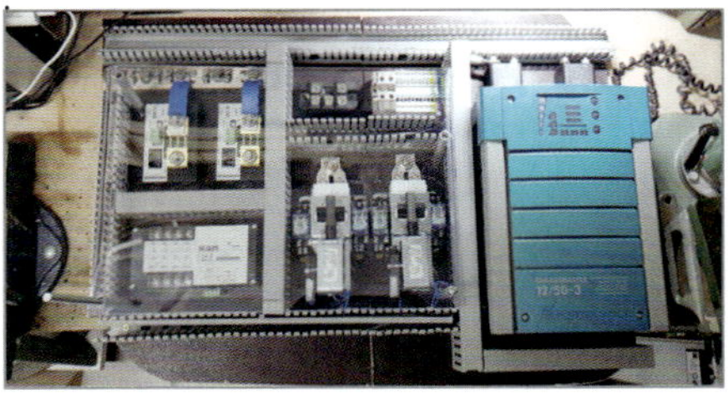

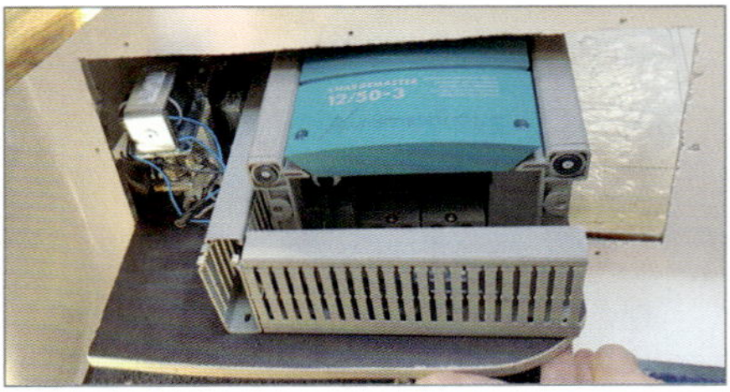

Die Unterverteilung wurde in der Werkstatt vorgefertigt und in zwei Baugruppen in die Backskiste bugsiert.

8.9 Energiemessung und Batteriemanagement

Das Energiemanagement an Bord ist wichtig, um die wenigen Amperestunden, die man gebunkert hat, so lange wie möglich nutzen zu können. Hierbei ist eine Voraussetzung, dass der verbrauchte Strom erfasst, und die Spannung der Batterien kontinuierlich und präzise gemessen wird.

Für die Überwachung der Batteriesysteme an Bord gibt es diverse Systeme mit unterschiedlichem Funktionsumfang. An Bord meiner *Hurley* wollte ich ein System verwenden, das nicht nur detaillierte Informationen über den aktuellen Stand, sondern auch zuverlässige Prognosen über die zu erwartende Reichweite bot. Ferner war eine Bedienung mit einem Smartphone oder Tablet gewünscht. Zum Einsatz kam das System *Simarine Pico+*, das in Technik und Design eines der innovativsten Bordnetz-Monitore am Markt ist. Neben der umfangreichen Batterieüberwachung können Tankzustände erfasst, Temperaturen gemessen sowie über das integrierte Barometer präzise Angaben zum Luftdruck gemessen werden. Mit den jeweiligen Messmodulen ausgestattet, kann er bis zu sechs Batteriebänke (Blei/Säure-, GEL, AGM oder LiFePO4, 12 V oder 24 V), sechs zusätzliche Batteriespannungen, 14 Tankfüllstände und 20 Verbraucher- oder Generatorströme überwachen und bietet umfangreiche Alarmfunktionen.

Bevor ich diese Errungenschaften nutzen konnte, mussten die Geräte zuerst installiert werden.

Für die Erfassung der Lade- und Entladeströme habe ich für jeden Batteriesatz den kommunikativen Shunt *SQ301* in der jeweiligen Minusleitung vorgese-

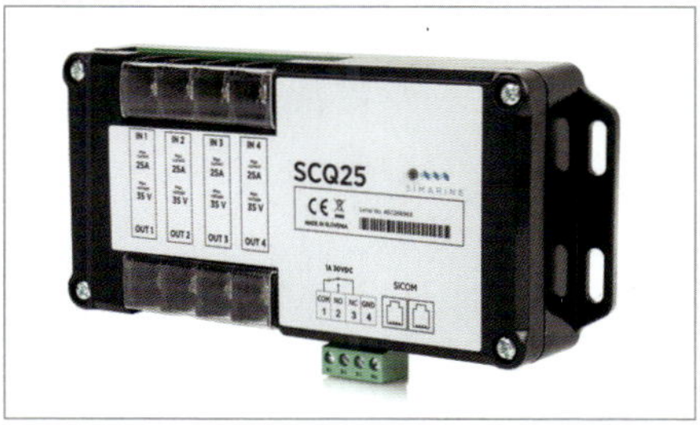

Das Energiemanagementsystem *Pico* von *Simarine* wird zur Überwachung von allen Batteriesätzen verwendet und misst zusätzlich noch diverse Größen wie Temperaturen, Luftdruck, Krängung und Tankstände. [Quelle: *SVB*]

hen. Der Shunt ist ein Nebenwiderstand, also ein ganz kleiner Widerstand, der in Reihe zu dem Minusanschluss geschaltet wird. Je größer der Strom ist, der durch das Gerät fließt, desto größer ist der Spannungsabfall, der von ihm gemessen wird. Trotz hoher Ströme von mehreren hundert Ampere beträgt die gemessene Spannung nur wenige Millivolt. Diese kleinen Wunderwerke sind so gebaut, dass sie nicht nur die ganz großen Ströme, sondern auch ganz kleine Ströme erfassen können. Somit kann man zum Beispiel feststellen, ob irgendwo vergessen wurde ein Verbraucher auszuschalten. Bei diesem System handelt es sich um eine bewährte Methode, um die Strommessung sicher und ohne große Leitungsverluste durchführen zu können. Für das kommunikative Gerät wurde noch in ein wenig Elektronik investiert, um die gemessenen Daten über eine einfache Zweidrahtleitung (Bus-System) an das Bediengerät weiterzuleiten. Dies macht die Installation etwas einfacher und liefert noch mehr interessante Daten. Da der gesamte Strom über diese Geräte erfasst wird, müssen diese logischerweise auch mit Kabeln entsprechender Stärke versorgt werden. Bei mir an Bord wurden diese mit jeweils 50 mm² angeschlossen. Der Anschluss auf die Minus-Sammelschiene erfolgte wieder über Schienen.

Die *Simarine*-App bietet eine umfassende Auswertung auf dem Handy oder Tablet.

Das *Mastervolt*-Ladegerät verfügt über eine eigene Kommunikationsschnittstelle (Masterbus), um ein Bedien- und ein Anzeigegerät anzuschließen und das Gerät in ein Netzwerk zu integrieren. Um einen Zoo an unterschiedlichen Bediengeräten zu vermeiden, habe ich diese Schnittstelle nicht verwendet, sondern die Ladeströme mit der *Simarine*-Messeinheit *SCQ25* erfasst. Diese hat vier Messeingänge à 25 A, die parallel geschaltet werden können. Ich habe jeweils zwei davon für die Ladung der beiden Batteriesätze zusammengeschaltet, sodass die Ladeströme zuverlässig gemessen werden können.

Die Kabelführung sowie der Einbau und Anschluss dieser Einrichtungen stellte sich trotzdem als Herausforderung dar. Auf Dickschiffen hat man einfach mehr Platz und braucht keine Kreuzgelenke in den Fingern.

Das Display wird über vier Touchtasten oder über die *Simarine*-App (*iOS/Android*) bedient, die die Anzeige aller Messwerte auf dem Smartphone ermöglicht und zur komfortablen Programmierung der Grundeinstellungen dient. Die Installation an Bord stellte sich als problemlos heraus. Das Anzeigegerät wurde über ein dünnes Kabel mit einem kleinen Datensplitter verbunden. Die Shunts und Messmodule wurden mittels vorkonfektionierten Datenleitungen an den Splitter angeschlossen. Zusätzlich wurde ein *NMEA 2000 Gateway* installiert, das die Messdaten dem Schiffsnetzwerk über diesen Weg zur Verfügung stellt.

Neben Strom und Spannung der beiden Batteriesätze, werden bei mir an Bord die Ladeströme des Ladegeräts sowie die Ströme von vier ausgewählten Verbrauchern kontinuierlich erfasst. Darüber hinaus werden die Außentemperatur, die Wassertemperatur, die Innenraumtemperatur in der Kajüte und die Temperatur in der Hauptschalttafel gemessen.

Als Zusatzgerät ist ein digitales Inclinometer installiert worden, das den Neigungswinkel des Bootes auf 0,1° genau erfasst. Somit lasen sich z. B. gut die Zusammenhänge zwischen Segelfläche, Neigung und Geschwindigkeit des eigenen Bootes nachvollziehen.

8.10 12-V-Schaltpanel

Die Feinverteilung und Bedienung der 12-V-Verbraucher (und später auch der 230-V-Verbraucher) sollte an einem gut zugänglichen Platz installiert werden. Hier bot es sich an, an Backbord und Steuerbord neben dem Kajüteingang jeweils einen neuen Schrank einzubauen. Dieser Platz wurde bisher nicht genutzt und war mit einem hübsch-hässlichen Teppich verkleidet, der sowieso entfernt werden musste. Da der Kajütaufbau in allen Dimensionen nicht rechtwinklig ausgeführt war, wurden zuerst die Fähigkeiten eines Holzwurms gefordert. Die neuen (Schalt-) Schränke sollten an den Aufbau angepasst werden,

Die 12-V-Verteilung im angefertigten Schaltschrank auf der Stb.-Seite des Aufbaus.

möglichst kompakt sein aber genügend Platz bieten, um die vorgesehenen Installationen zu verstauen. Mit Schablonen wurden die Schrägen der Wände abgenommen und auf wasserfestverleimtes Sperrholz übertragen. In mehreren Iterationen wurden die Schränke schrittweise an die Situation an Bord angepasst. Im Anschluss wurden sie verleimt, verschraubt und die versenkten Schrauben abschließend verspachtelt. Da die Möbel mit dem gleichen Material bespannt werden sollten, mit dem auch die neue Innen- und Deckenverkleidung ausgestattet wurde, war eine glatte Oberfläche sehr wichtig. Der Zuschnitt der *Gisa Tex* Decken- und Wandverkleidung in Lederoptik erfolgte mit einer Elektroschere, die sich für dieses Material sehr bewährt hatte. Die Oberflächen der Möbel wurden mit dem Spezialeinseitenkleber *1805* benetzt, der Stoff anschließend über die Oberfläche gespannt und auf den Innenseiten mit Edelstahl-Tackernadeln festgetackert.

In den Schranktüren sollten die jeweiligen Schaltpanele eingebaut werden. Die Herstellung erfolgte, wie bei der Hauptschalttafel, aus gedruckten Aluminium-Sandwichplatten. Ursprünglich wurden diese nicht nur beschriftet, sondern die Oberfläche in einem Anthrazitfarbton bedruckt. Dieses Design wirkte zuerst sehr ansprechend. Bei der Bearbeitung hatte sich nur leider herausgestellt, dass die Oberfläche zu kratzempfindlich ist. Daher wurde in einem zweiten Anlauf eine gebürstete Aluminiumoberfläche gewählt, die mit einem kratz- und UV-beständigem Lack versiegelt worden ist. Da der Hersteller (*www.wirmachendruck.de*) ab Werk nur bis zu vier Öffnungen ausführt, mussten die übrigen Öffnungen für Sicherungen, Schalter und Geräte in der Werkstatt selbst hergestellt werden. Die Positionen und Größen der benötigten Ausschnitte waren bereits aufgedruckt. Für die eckigen Ausschnitte wurden in den jeweiligen Ecken Löcher gebohrt und das Schaltpanel großflächig mit Malerkrepp abgeklebt, um Kratzer zu verhindern. Um die feinen Ausschnitte präzise auszusägen, wurde eine Mini-Stichsäge von Proxon verwendet. Im Gegensatz zur Dekupiersäge muss mit diesem Gerät das Sägeblatt nicht eingefädelt werden und führt schnell zu einem guten Ergebnis. Da die Säge freihändig bewegt wird, kam diese Methode nur für die Öffnungen zum Einsatz, die anschließend durch die eingebauten Geräte abgedeckt wurden. Die sichtbaren Schnittkanten ließ ich ab Werk ausführen.

Die 12-V-Schalttafel wurde in unterschiedliche Zonen eingeteilt, die jeweils detaillierter vorgestellt werden:

- Links oben befindet sich die Bedienung der Navigationslichter sowie deren Absicherung und Überwachung

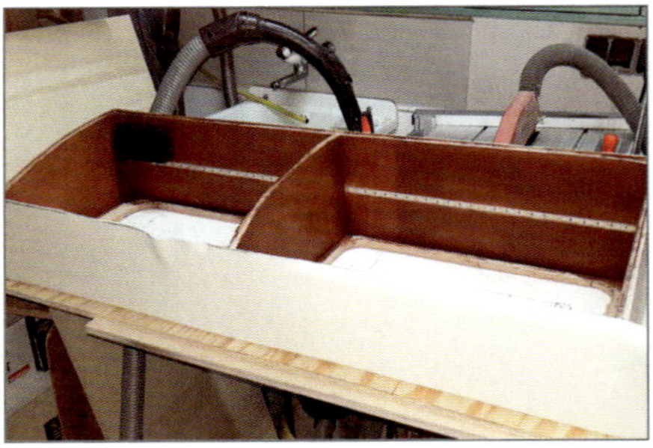

Nach der Feinanpassung wurden die Schränke mit dem Kunstleder der Innenverkleidung bespannt.

- Darunter angeordnet sind Verbraucher, die nur von hier bedient werden sollen. Hierfür habe ich *ETA*-Wippschalter mit integriertem Schutzschalter und LED-Statusanzeige verwendet.
- Die Bedienung der Batteriehauptschalter für Batterienetz eins und zwei erfolgt im mittleren Bereich mit Edelstahl-Drucktastern. Die Ein-Tasten verfügen als Statusanzeige über einen intergierten LED-Ring.
- Um elektrische Verbraucher von mehreren Orten ein- und ausschalten zu können, haben sich Stromstoßrelais bewährt. Hierbei handelt es sich um fernbedienbare Schalter, die – im Gegensatz zu konventionellen Relais – nur im Moment des Schaltens einen kurzen Stromstoß benötigen. Im Gegensatz zu Wechsel- oder Kreuzschaltern wird der Laststrom nicht über das Bediengerät geführt. So kann die Bedienung als einfache Taste ausgeführt werden und benötigt nur eine kleinere Querschnittsfläche der Steuerleitungen. Für mehrere Verbraucher wurde diese Technologie verwendet. Die Absicherung erfolgte für diese über separate Schutzschalter, die in der Frontplatte eingelassen wurden.
- Für die Innenbeleuchtung wurden LED-Bänder verwendet, die für eine indirekte Ausleuchtung sorgen. Unter der Decke erfolgte dies mit warmweißen LEDs, deren Helligkeit über einen Dimmer einstellbar ist. In der Kajüte wurde auf halber Höhe die Unterseite der Schapps und Schränke genutzt, um einen Ring aus farbigen LEDs (RGB + weiß) zu installieren. Mit einer Touch-Bedieneinheit lassen sich somit eine beliebige Farbe und Helligkeit für den akzentuierten Innenraum einstellenzentuierten Innenraum einstellen.
- Weiterhin wurde in dem 12-V-Schaltpanel die Bedieneinheit für das Energiemanagement, das Bordradio sowie zwei Steckdosen eingebaut.

Die Packungsdichte der installierten Geräte in dem Schaltpanel ist hoch und die Verkabelung auf der Rückseite

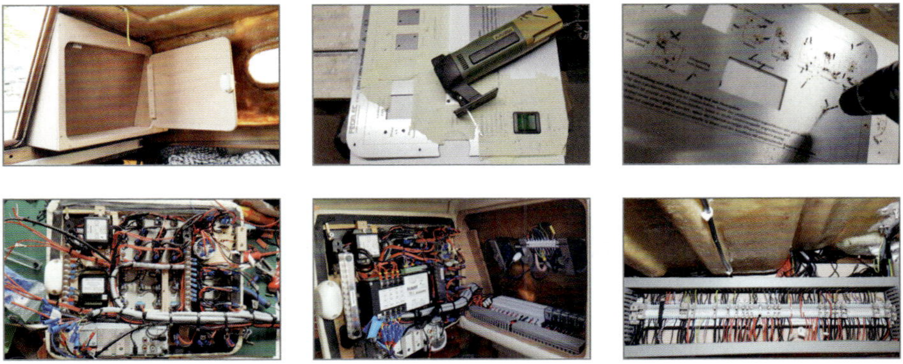

Die 12-V-Verteilung war eine Maßanfertigung, in der auf kleinstem Raum sehr viele Geräte untergebracht werden mussten.

entsprechend beengt. Im Inneren des Schaltschranks wurden auf einer Hutschiene die Überwachung der Navigationslichter sowie die Stromstoßrelais installiert, sodass für den Anschluss der vielen Kabel kein Platz mehr vorhanden war. Für diese wurde unterhalb des Schaltschranks der Freiraum zur Schlupfkoje genutzt und eine entsprechende Klemmleiste vorgesehen. Immerhin wurden mittlerweile mehr als 100 Klemmen benötigt.

8.11 Navigationslichter

Navigationslichter sind ohne Frage die wichtigste Beleuchtung an Bord. Ihre korrekte Funktion und Tragweite sind entscheidend, um von anderen Fahrzeugen rechtzeitig und in der richtigen Lage erkannt zu werden. Besonders auf einem Segelboot war diese Anforderung in der Vergangenheit mit einem gewissen Aufwand in der Elektroinstallation verbunden, der häufig nicht korrekt ausgeführt wurde. Navigationslichter dürfen einen maximalen Spannungsabfall von 5 % haben – von der Batterie bis zur Leuchte. Bei klassischen Glühbirnen machen sich die langen Leitungslängen besonders zum Topplicht oder der Dreifarbenlaterne im Mast bemerkbar. Die Leitungsquerschnitte werden häufig viel zu gering gewählt. Die Stromaufnahme der Glühbirnen ist relativ hoch, sodass sich eine Nachtfahrt deutlich im Batteriehaushalt bemerkbar macht. Das waren gute Gründe, um bei mir an Bord nur LED-Navigationslichter zu verbauen, natürlich mit BSH-Zulassung. Die verwendeten Leuchten gehören zur Serie 43 von *Aqua Signal* und sind multispannungsfähig von 10 V bis 30 V. Somit war die Anforderung an den sehr kleinen Spannungsabfall auf der gesamten Leitung nicht mehr von Bedeutung. Die Stromaufnahme ist mit 0,2 A deutlich geringer, sodass ein Leitungsquerschnitt von 0,75 mm^2 bis zum Masttopp ausreichend war. Dort wurde eine Dreifarbenlaterne mit integriertem Ankerlicht montiert, die für jede Farbe über eigne LEDs verfügt. Das LED-Topplicht wurde auf halber Masthöhe montiert. Hier kam ein Modell zum Einsatz, das einen integrierten Decksscheinwerfer enthält, natürlich auch auf LED-Basis. In der Praxis hat sich diese als ideale Position herausgestellt, um das Vordeck bei Dunkelheit auszuleuchten, und das mit nur 5 W Leistungsaufnahme.

Für die Auswahl der korrekten Lichterführung wurde von *Aqua Signal* der *NAV-Switch* installiert. Hierbei handelt es sich um einen Dreh- und Zugschalter, mit dem sehr einfach von Segel- auf Motorbetrieb oder Ankerleuchte umgeschaltet werden kann. Die Decksbeleuchtung könnte über die Zugfunktion mit angesteuert werden. Diese Funktion kam bei mir jedoch nicht zum Einsatz.

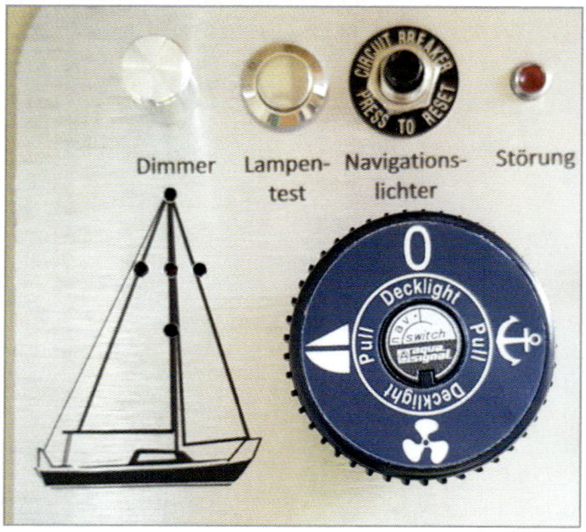

Die Auswahl der korrekten Lichterführung erfolgt einfach durch Drehen des NAV-Switches. Die Navigationslichter werden elektronisch überwacht.

Weil die Navigationslichter so wichtig sind, muss ihre korrekte Funktion im Einsatz ständig überprüft werden. Hier reicht es nicht zu wissen, ob sie eingeschaltet sind, es muss sichergestellt sein, dass sie wirklich leuchten. Bei konventionellen Glühbirnen ist diese Überwachung immer eine Herausforderung, da der Spannungsabfall von maximal 5 % eingehalten werden muss. Obwohl die LED-Lichter einen weiten Betriebsspannungsbereich haben und durch den deutlich geringeren Strombedarf die Verluste in den Leitungen viel kleiner sind, habe ich in meinem Projekt nach einer modernen Überwachungslösung gesucht, die auch für Glühbirnen verwendet werden könnte. Moderne Elektronikbauteile aus dem Automobilbereich lösen diese Aufgabenstellung sehr einfach. Sogenannte *Profet*-Schalter können Leistungen bis zu 20 A, bei Spannungen von bis zu 50 V praktisch verlustfrei schalten und haben eine integrierte Überwachungsfunktion, die eine Rückmeldung gibt, ob der Stromkreis wirklich geschlossen ist.

Ein kleiner, programmierbarer *Käfer* (*ATTINY 84A*) enthält die gesamte Auswertungs- und Steuerlogik und lässt

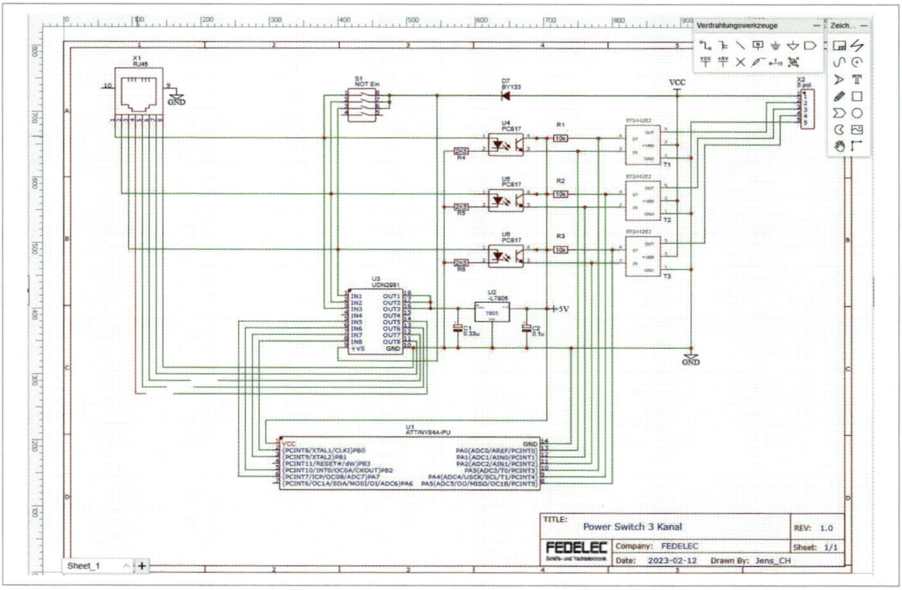

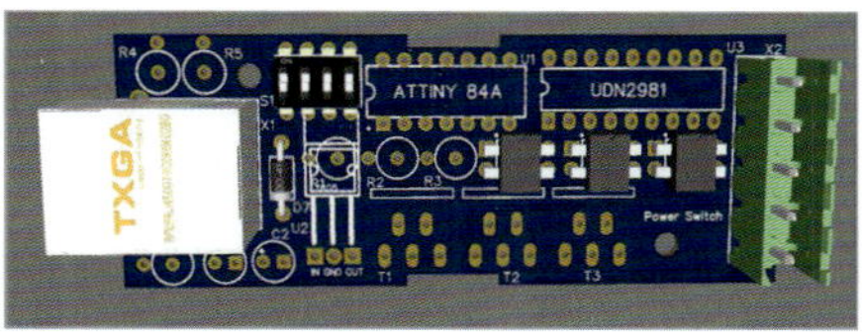

Positionslampenüberwachung im Eigenbau: Internetdienstleister ermöglichen die Platinenfertigung in kleinen Stückzahlen zu geringen Kosten. Die gesamte Steuerlogik wird in einem kleinen Käfer untergebracht, der frei programmierbar ist.

Das LED-Topplicht mit integriertem Decksscheinwerfer leuchtet das gesamte Vorschiff bei minimalem Energiebedarf von 5 W aus.

z. B. die Kontroll-LED der überwachten Leuchte bei Fehlfunktion blinken. Die erforderlichen Bauteile habe ich auf einer kleinen Platine untergebracht, die ich bei einem Internetdienstleister (*www.jlcpcb.com*) in kleiner Stückzahl fertigen lassen konnte. Die Power-Platine wird in einem kleinen Hutschienengehäuse untergebracht und über eine *RJ 45*-Steckdose mit der Anzeige- und Bedieneinheit verbunden. So werden Standard-Netzwerkkabel für die Verbindung verwendet.

8.12 LED-Suchscheinwerfer

Besonders bei Nachtfahrt und in unbekannten Revieren ist es hilfreich, auch an Bord auf Fernlicht umschalten zu können. Diese Funktion wird mit einem Suchscheinwerfer realisiert. In der Vergangenheit bedeutete viel Licht häufig auch viel Strom. Mit der Verwendung von Power-LEDs trifft dieses Vorurteil nicht mehr zu: bei mir an Bord hat der LED-Suchscheinwerfer *Bremen* von *Aqua Signal* angeheuert. Das Modell gibt es seit vielen Jahren bereits mit halogenen Leuchtmitteln. Die neue LED-Variante kommt nun mit einem Bruchteil der elektrischen Leistung bei vergleichbarer Leuchtkraft aus. Die Power-LEDs benötigen gerade mal 12 W, was einer Stromaufnahme von 1 A entspricht. Früher hatte die Kajütenbeleuchtung mehr Strom gebraucht. Die Leuchtkraft wird zusätzlich über eine Fresnel-Linse gebündelt. Das Gerät verfügt über ein 3 m langes Spiralkabel, das ich mit einem passenden Stecker versehen habe, um es im Cockpit einstecken zu können. Der Scheinwerfer ist wasserdicht gemäß IP68 und kann somit bei Bedarf sogar für Inspektionen unter Wasser verwendet werden.

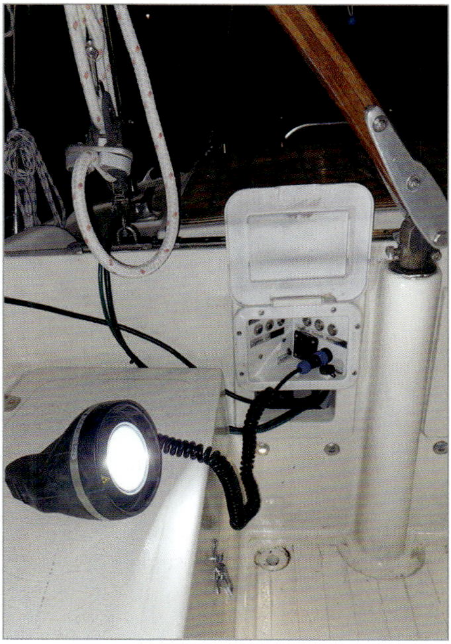

Der wasserdichte LED-Scheinwerfer von *Aqua Signal* wird in einer Steckdose im Cockpit eingesteckt.

8.13 Installation von Kabel und Leitungen

Es war nicht überraschend, dass für die Umsetzung des Elektrik-Konzeptes einige Kabel verlegt werden mussten. An der Decke wurden diese so flach wie möglich gebündelt und mit Kunststoffschellen und Edelstahlschrauben befestigt.

In den übrigen Bereichen habe ich flexible Installationsrohre verwendet, wobei 12-V- und 230-V-Installation strikt voneinander getrennt wurden.

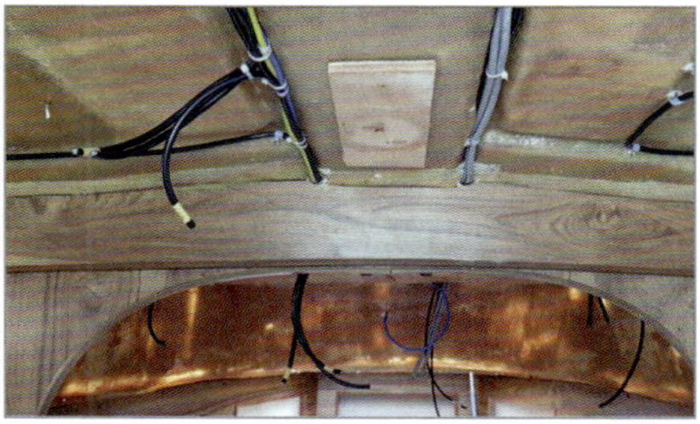

Unter der Decke wurden die Kabel zum Vorschiff geführt und die Anschlüsse für die Beleuchtung vorbereitet.

Die Kabel und Leitungen wurden grundsätzlich durch flexible Installationsrohre gezogen. An wenigen Stellen konnten fixe Kabelkanäle installiert werden.

8.14 Beleuchtung unter Deck

Für die Kajütenbeleuchtung habe ich die Verkabelung an der Decke etwas dezenter ausgeführt, sodass die Gardinenschiene versenkt und daneben ein LED-Leuchtband für die indirekte Beleuchtung platziert werden konnte. Die Helligkeit ist stufenlos von der 12-V-Schalttafel dimmbar. Ein- und ausgeschaltet wird dieses Licht zusätzlich über Tasten an den Kojen, mit denen die erwähnten Stromstoßrelais geschaltet werden.

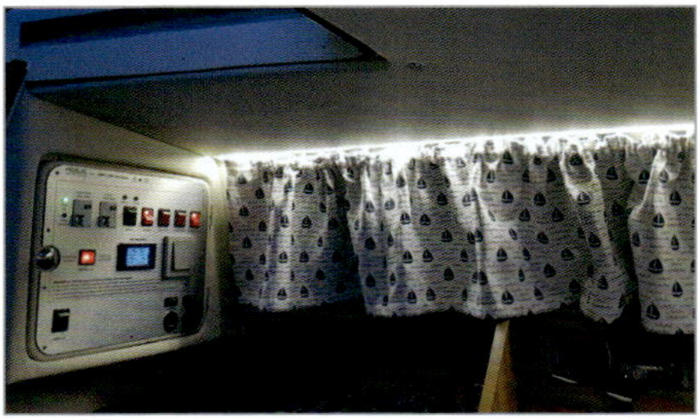

Die LED-Leuchtbänder sind in der Decke eingelassen und können in der Helligkeit gedimmt werden.

Neben diesen LED-Leuchtbändern wurden in den Decken die elektrischen Anschlüsse für LED-Spots vorbereitet. Sollte sich nach dem Refit herausstellen, dass die LED-Bänder nicht ausreichend hell sind, könnten die Spots sehr einfach nachgerüstet werden.

Zusätzlich wurden unter den Schwalbennestern farbige LED-Bänder montiert, deren Farbe und Helligkeit beliebig angepasst werden können. Somit lassen sich je nach Stimmung gemütliche Akzente unter Deck setzen.

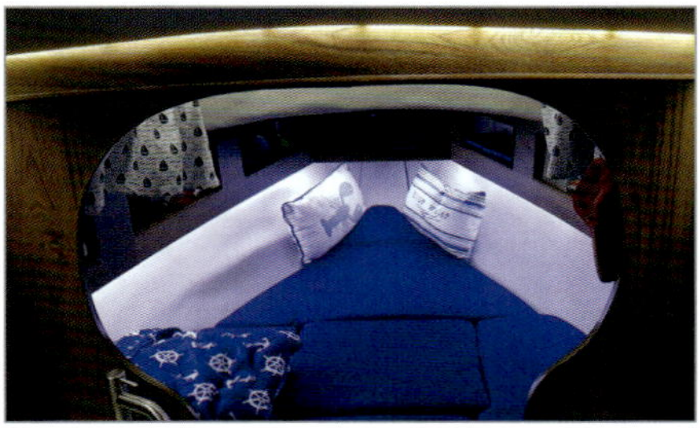

Indirekte Beleuchtung mit LED-Bändern sowie farbige LED-Bänder sorgen für eine gemütliche Atmosphäre unter Deck bei geringem Energieverbrauch.

8.15 230-V-Verteilung

Das Spiegelbild zur 12-V-Feinverteilung bildet die 230-V-Verteilung an Backbord. Hierfür wurde in gleicher Weise der 230-V-Schaltschrank hergestellt. Um zu verhindern, dass bei geöffneter Schranktür spannungsführende Teile angefasst werden können, wurde über der gesamten 230-V-Installation auch hier eine Plexiglasplatte auf Abstandsbolzen montiert.

Das 230-V-Netz wird entweder von Land oder aus dem Sinusinverter gespeist. Im Motorraum befindet sich eine 230-V-CEE-Einspeisesteckdose, die mit dem Kabel von Land verbunden ist. Sowohl die Landeinspeisung als auch die Einspeisung über den Sinusinverter werden jeweils mit einem separaten *Siemens-RCBO* Schutzschalter abgesichert. Hierbei handelt es sich um die Kombination aus einem 30-mA-Fehlstromschutzschalter sowie einem 10-A-Leitungsschutzschalter. Zwei 230-V-Leuchtdioden überwachen mit einer einfachen, aber

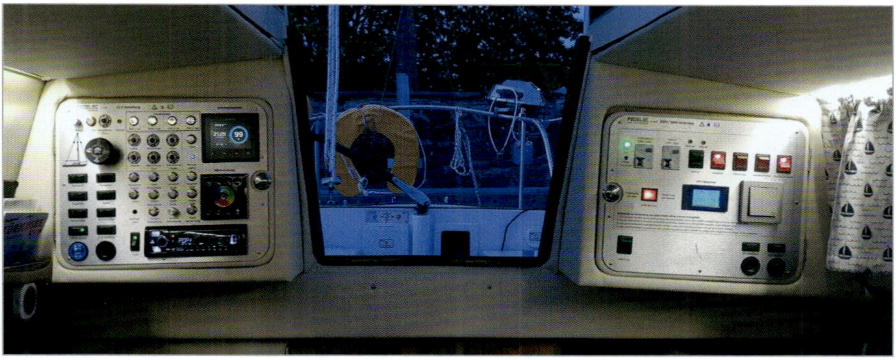

Die Schaltschränke für die 12-V- und 230-V-Verteilungen neben dem Niedergang.

effektiven Funktion, ob der Landanschluss korrekt angeschlossen ist. Im korrekten Betrieb befinden sich im Netz zwischen dem Außenleiter (Phase) und dem Schutzleiter (Erde) 230 V. Das zeigt eine grüne LED an. Die zweite LED (rot) wurde mit dem Neutralleiter und dem Schutzleiter verbunden. Diese müssten bei korrektem Anschluss auf dem gleichen Potenzial sein, die LED leuchtet also nicht. Wurden am Landanschluss jedoch Phase und Neutralleiter vertauscht, so leuchtet die LED rot und weist darauf hin, dass der Stecker falsch herum eingesteckt wurde oder ein anderer Fehler vorliegt. Da der Stromkreis der Leuchtdioden über den Schutzleiter an Land geschlossen wird, wird mit dieser Funktion auch die Verfügbarkeit des galvanischen Isolators überprüft, der später beschrieben wird. Die Stromaufnahme der LEDs ist so gering, dass der Fehlstromschutzschalter dadurch noch nicht auslöst.

Bei der 230-V-Verteilung an Bord ist zu beachten, dass - solange es keine galvanische Trennung durch einen Trenntransformator gibt - alle Stromkreise zweipolig abgesichert und geschaltet werden müssen. Es müssen dort also im Gegensatz zur Landinstallation jeweils Phase und Neutralleiter mit einem gemeinsamen Schutzschalter abgesichert werden. Auf meiner *Hurley* wurden hierfür wiederum *ETA*-Schutzschalter in Form von Wippschaltern mit integrierter Leuchtanzeige verwendet.

Die Umschaltung zwischen Landanschluss und Sinusinverter erfolgt über einen zweipoligen Wippschalter mit Ausstellung in der Mitte. Um den Inverter vollständig vom Netz zu trennen, wurde in seiner 12-V-Zuleitung ein Relais mit 200 A Schaltvermögen installiert. Dieses wird über einen 12-V-Wippschalter angesteuert. Sobald der Inverter an seinem Ausgang 230 V liefert, wird über ein weiteres Relais das Ladegerät vom Netz genommen. Somit wird verhindert, dass das Ladegerät über den Inverter betrieben wird. Das System wäre verlockend, wenn man so die Batterien aufladen könnte. Solange aber die Perpetuum Mobile Funktion noch nicht zuverlässig arbeitet, wird man ohne diese Schutzfunktion nur wertvolle Batterieenergie in Wärme umsetzen.

In der 230-V-Installation hat der Schutzleiter (grün-gelb) eine besondere Bedeutung. Sollte durch einen Fehler ein metallischer Gegenstand oder ein Gehäuse mit dem Außenleiter in Verbindung kommen und wird dieser dann von einem Crewmitglied angefasst, so bekommt man kräftig eine gewischt, was unter Umständen sogar tödlich ausgehen kann. Da am Einspeisepunkt an Land der Neutralleiter und der Schutzleiter verbunden sind, wird in diesem Fall der Stromkreis über die Kette Gehäuse – Mensch – Erde geschlossen. Wenn dieser Gegenstand vorher bereits mit dem Schutzleiter verbunden war, so ist der Stromkreis sofort geschlossen und das entsprechende Schutzorgan kann auslösen.

Wird an Bord eine 230-V-Installation vorgesehen, so ist ein Schutzleiterkonzept zu installieren. Auch auf einem Kunststoffboot müssen alle metallischen Gegenstände mit dem Schutzleiter verbunden werden. Auf meiner *Hurley* wurden daher der Mast, die Winschen, die Schienen für den Traveler und die Edelstahlreling mit einer grün-gelben Leitung mit mindestens 2,5 mm^2 versehen, die schlussendlich mit der Minus-Sammelschiene verbunden wurde.

Die Verbindung mit dem Schutzleiter an Land ist für die korrekte Funktion des Konzepts zwingend, birgt jedoch auch Probleme anderer Art: die galvanische Korrosion. Über metallische Gegenstände an Land, z. B. die rostige Spundwand, das Hafenwasser und schlussendlich die metallischen Gegenstände an Bord, die ins Wasser ragen (z. B. der Saildrive, die Welle samt Propeller oder bei Metallrümpfen der gesamte Rumpf), wird ein galvanisches Element gebildet. Bei so einem Element fließt aufgrund der Potenzialdifferenz zwischen den beteiligten Stoffen ein Gleichstrom und das gemäß Spannungsreihe unedlere Material wird aufgelöst. Der typische Lochfraß, der durch galvanische Korrosion auftritt, kann deutliche Schäden verursachen, bis zum Totalverlust (des Bootes, nicht der rostigen Spundwand). Die Spannungsdifferenz ist sehr gering und beträgt je nach Material zwischen 0,5 und 1 V. Um einen funktionierenden Schutzleiter an Bord ohne galvanische Korrosionseffekte zu haben, gibt es zwei Alternativen: Ein Trenntransformator ermöglicht eine vollständige galvanische Trennung zwischen dem Land- und dem 230-V-Bordnetz. Dieser Transformator hat das Übersetzungsverhältnis 1:1, also 230 V rein und 230 V raus. Der Schutzleiter wird in diesem Fall nur an Land angeschlossen, nicht an Bord. Es darf keine leitende Verbindung von der Land-Erde zur Schiff-Erde geben, also auch nicht über einen Festmacherdraht, eine Kette o. ä.. Auf der Ausgangsseite des Trenntransformators (Sekundärseite) wird der Neutralleiter neu gebildet und dort mit der Schiff-Erde verbunden. Diese Schaltungsform erlaubt die Verwendung von einpoligen Schutzschaltern. Der Trenntransformator hat jedoch einiges an Gewicht, erzeugt Wärme und reißt ein spürbares Loch in die Bordkasse. Für größere Schiffe eine sehr gute Lösung, auf meiner 7 m *Hurley* etwas überdimensioniert. Daher habe ich bei mir die zweite Variante zum Schutz vor galvanischen Strömen über den Landanschluss installiert, einen galvanischen Isolator. Dieses Gerät wird in Reihe zu dem Schutzleiter, der von Land kommt, geschaltet und am anderen Ende der Schutzleiter vom Boot angeschlossen. Er lässt den Wechselstrom, der im Fehlerfall über den Schutzleiter fließt, durch und sperrt den galvanischen Gleichstrom. Das Gerät besteht aus vier Dioden. Zwei sind in Reihe geschaltet und zwei dieser Pärchen sind antiparallel miteinander verbunden. Die galvanischen Ströme sind Gleichströme mit einer geringen Spannung zwischen 0,5 und 1 V. Eine Diode verursacht selbst einen Spannungsabfall, bei Siliziumdioden sind das circa 0,7 V. Werden also zwei Dioden in Reihe geschaltet, so müssen erst einmal mehr als 1,4 V anliegen, damit diese leitend werden. Somit bilden sie eine gute Sperre für die galvanischen Ströme. Die Spannung, die im Fehlerfall über den Schutzleiter fließen soll, ist deutlich höher. Die 230 V vom Landanschluss sind jedoch Wechselspannung, sodass die Dioden eine Halbwelle abschneiden würden. Um das zu vermeiden, wird das zweite Diodenpaar entgegengesetzt montiert, sodass der Strom über den Schutzleiter sowohl bei positiver als auch bei negativer Halbwelle fließen und somit das entsprechende Schutzorgan auslösen kann. Für diesen Fall müssen die Dioden kurzzeitig mehrere hundert Ampere vertragen können. Zudem müssen die Dioden fehlersicher sein, sodass sie den Stromkreis schließen und nicht öffnen, wenn sie mal durchbrennen sollten. Daher sind galvanische Isolatoren etwas teuer, als man aufgrund des simplen Aufbaus annimmt, aber deutlich günstiger als der vorgestellte Trenntransformator.

Um einen Überblick über die wesentlichen Messwerte der 230-V-Installation zu bekommen, wurde in der Schalttafel noch ein Multimeter installiert, dass neben Spannung auch den aktuellen Stromverbrauch, die aufgenommene Leistung sowie die über die Zeit verwendete Energie anzeigt. Die übrige 230-V-Installation war an Bord mit wenigen, spritzwassergeschützten Steckdosen sehr überschaubar. Natürlich hat auch die Kaffeemaschine eine eigene Steckdose in der Kombüse erhalten.

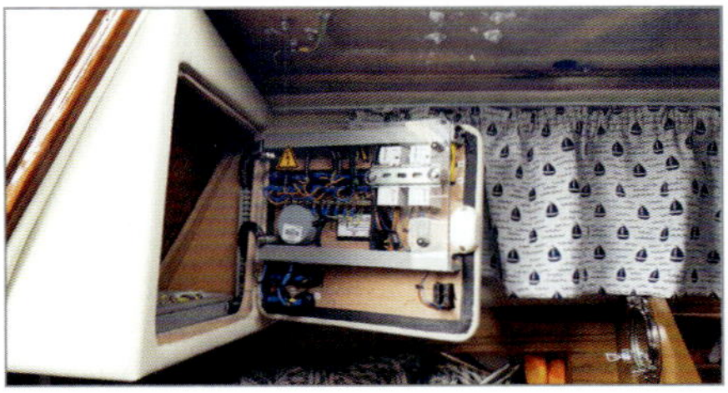

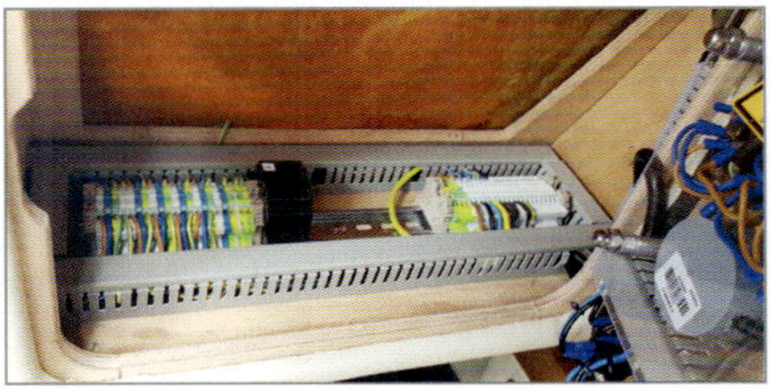

Die 230-V-Verteilung muss besonders berührungssicher ausgeführt werden. Hierfür werden die Geräte mit einer Plexiglasscheibe abgedeckt.

Der Sinusinverter wandelt 12 V Batteriespannung in 230 V Wechselstrom um. Da er im Betrieb Wärme abgeben muss, wurde er unterhalb der Kombüse im offenen Schapp installiert.

9 Energieerzeugung an Bord

Alle elektrischen Verbraucher sorgen dafür, dass die vorhandenen Kapazitäten früher oder später erschöpft sind. Möchte man sich nicht zu sehr in die Abhängigkeit des Landanschlusses begeben, so benötigt man clevere Strategien, um unterwegs die Energiespeicher aufzuladen. Hierfür kommen auf meiner *Hurley* unterschiedliche Systeme zum Einsatz, die alle ihre Vor- und Nachteile haben.

9.1 Geräuschlose Stromerzeugung mit der Brennstoffzelle

Brennstoffzellen auf Basis von grünem Wasserstoff werden häufig als regenerative Energiequelle der Zukunft beworben. Die Installation und Versorgung sind sehr aufwendig. Als Alternative gibt es Brennstoffzellen auf Methanolbasis. Die Firma *SFC Energy* ist ein Spezialist auf diesem Gebiet und bietet unter dem Markennamen *EFOY* ein interessantes Portfolio an Direkt-Methanol-Brennstoffzellen, auch für den rauen Bordeinsatz. Ich konnte bei mir an Bord eine *EFOY 150* ausführlich testen.

Geräuschlose Energieerzeugung an Bord, auch ohne Sonnenlicht, ist mit einer Brennstoffzelle möglich.

9.1.1 Die Direkt-Methanol-Brennstoffzelle

Methanol (auch Methylalkohol) ist ein alkoholischer Treibstoff mit einer Energiedichte von 4,4 Kilowattstunden pro Liter. Gemäß Sicherheitsdatenblatt muss der Treibstoff an einem gut belüfteten Ort unter Verschluss aufbewahrt werden. *SFC Energy* liefert hochreines Methanol in Tankpatronen verschiedener Abfüllgrößen von 5 bzw. 10 Litern mit speziellem Sicherheitsverschluss. So lassen sich diese sicher und problemlos transportieren. Der Austausch leerer Patronen kann vom Nutzer mit wenigen Handgriffen vorgenommen werden. Hierbei sollten trotzdem Schutzhandschuhe und ein Augenschutz getragen werden. Wegen des Gefahrenpotenzials sollte nicht leichtfertig mit diesem Treibstoff hantiert werden. Betrachtet man das Sicherheitsdatenblatt von Benzin oder Diesel, so wird man feststellen, dass die Gefahren, die von diesen Stoffen ausgehen können, nicht harmloser sind. Im Gegensatz zu Diesel und Benzin verbindet sich Methanol vollständig mit Wasser und ist leichter biologisch abbaubar, falls es doch einmal zu einer ungewollten Leckage kommen sollte.

Die Stromerzeugung in der Direkt-Methanol-Brennstoffzelle (Direct Methanol Fuel Cell – DMFC) erfolgt chemisch und nicht mechanisch. Das macht sich in der geringen Geräuschentwicklung bemerkbar, da es kaum bewegliche Teile gibt. Sie produzieren den Strom aus dem Betriebsstoff Methanol, ergänzt mit Sauerstoff aus der Luft. Hierbei wird Methanol direkt in Strom umgewandelt. Neben dem gewünschten Strom entstehen lediglich Abwärme, Wasserdampf und Kohlenstoffdioxid.

Vereinfacht gesagt, läuft folgende Reaktion in der Brennstoffzelle ab: Sie verfügt, ähnlich einer Batterie, über eine Anode und eine Kathode, die durch eine protonenleitende Membran getrennt sind. An der Anode werden Wasser und Methanol in Wasserstoff und Kohlenstoffdioxid (CO_2) gespalten. Das CO_2 wird von der Anode abgeführt. Der Wasserstoff wird durch einen Platin-Katalysator in zwei positive Wasserstoff-Ionen, H^+ Atome, (Protonen) gespalten. Dabei gibt jedes Wasserstoffatom sein Elektron e- ab. Die Protonen wandern durch die Elektrolytlösung und durch die Membran (protonenleitende Polymer-Elektrolyt-Membran) zur Kathode. Die frei gewordenen Elektronen können diesen Weg nicht nehmen und müssen sich daher als elektrischer Stromfluss über die angeschlossenen Verbraucher von der Anode zur Kathode bewegen. Dieser Stromfluss wird als Ladestrom für einen angeschlossenen Akku verwendet. An der Kathode angekommen, rekombinieren sich jeweils vier Elektronen mit einem Sauerstoffmolekül zu negativ geladenen Sauerstoff-Ionen. Die freuen sich mächtig, die positiv geladenen Wasserstoff-Protonen, die die Abkürzung durch die Membran genommen hatten, zu treffen und reagieren zu destilliertem Wasser (H_2O) bzw. Wasserdampf.

Da, im Gegensatz zu einem Verbrennungsmotor, eine chemische Reaktion, aber keine Verbrennung stattfindet, können auch keine ungewünschten Abgase wie z. B. Kohlenmonoxid entstehen. Kohlenmonoxid wird häufig bei einer Verbrennung unter Sauerstoffmangel erzeugt.

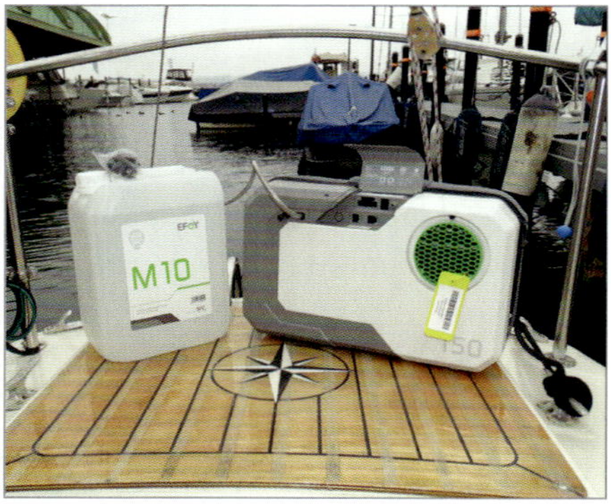

Eine 75-W-Brennstoffzelle von *EFOY* mit 10 l Methanol wiegen zusammen weniger als 20 kg.

9.1.2 Montage der Brennstoffzelle

Die *EFOY*-Brennstoffzelle ist ein kleiner, grauer Kasten, der knapp 7 kg wiegt. Er hat neben den elektrischen Anschlüssen für Strom und Kommunikation eine große Abluftöffnug, einen kleinen Abgasschlauch und einen vormontierten Spiralschlauch für die Tankpatrone.

Die Nutzleistung, die für die Stromerzeugung verwendet wird, beträgt circa 1,1 kW pro Liter Methanol. Da die Energiedichte jedoch 4,4 kW pro Liter entspricht, werden die verbleibenden 3,3 kW in Wärme abgegeben. Bei einer maximalen Nutzleistung der *EFOY 150* von 75 W bedeutet dies eine Wärmeabgabe von 225 W, die abgeführt werden muss. Das muss bei der Auswahl des Montagestandorts beachtet werden.

Als Einbauort wurde an Bord meiner *Hurley* der Motorraum am Heck gewählt, wo sich bereits der Elektro-Außenborder in einem Schacht befindet. Dort wurde zuerst die beiliegende Halterung für die Tankpatrone festgeschraubt und diese dann mit einem Spanngurt gesichert. Für die Befestigung der Brennstoffzelle wurden kleine Edelstahlbügel montiert, durch

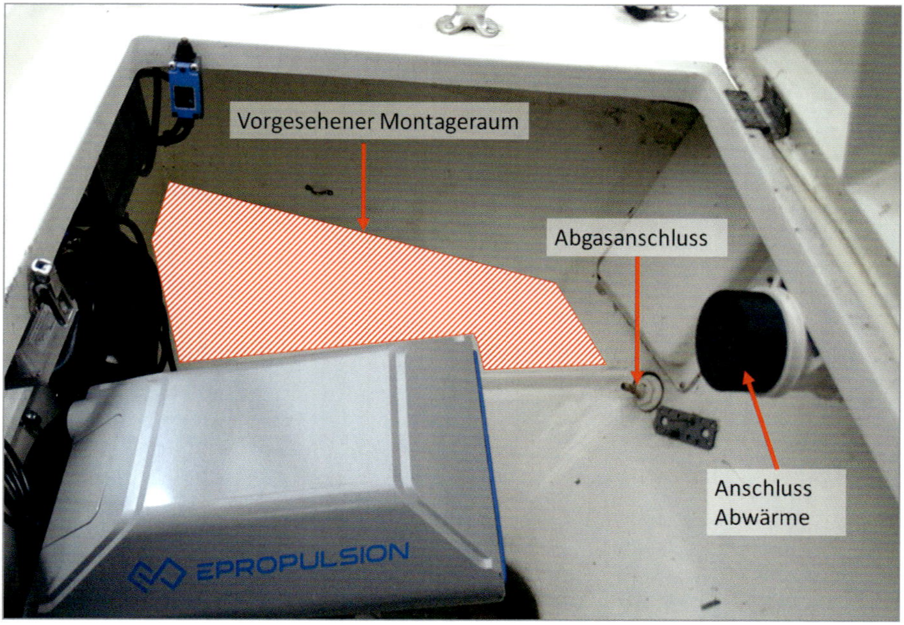

Vorgesehener Einbauort für die Brennstoffzelle.

die ebenfalls ein Spanngurt eingefädelt wurde. Mit wenigen Handgriffen war das Gerät an seinem Zielort installiert.

Bei der Auswahl des Montageorts sollte beachtet werden, dass die maximale Rollbewegung im Betrieb 35° nicht überschreitet, wobei es bis zu 10 Minuten auch mal 45° sein dürfen. Das kann, je nach Boot, hoch am Wind schon mal erreicht werden. Findige Blauwassersegler haben sich entsprechende Unterkonstruktionen einfallen lassen, um die Lage bei langen Schlägen auf dem gleichen Bug zu kompensieren. Auf meiner *Hurley* konnte ich auf dieses Feature verzichten.

Als Abgase sollten bei korrektem Betrieb nur Kohlenstoffdioxid, Wasserdampf und Wärme entstehen. Da für den Betrieb des Verbrenner-Außenborders im Motorraum ein Lüfter mit Ausgang durch die Bordwand installiert war, der für den Elektro-Antrieb nicht mehr benötigt wurde, konnte ich über diesen die Abwärme elegant nach außen führen. Für den Anschluss an die Brennstoffzelle wurde mithilfe des 3-D-Druckers ein passender Adapter konstruiert und als Abwärmeschlauch ein Aluminium-Flex-Rohr gewählt, das mit zwei Schlauchschellen schnell befestigt war. Als Letztes wurde der Abgasschlauch auf die erforderliche Länge gekürzt und mit Kabelbindern befestigt. Bei der Montage ist zu beachten, dass sich kein Siphon bildet, wodurch die Abgasableitung behindert würde, und dass das Schlauchende schräg abgeschnitten wird, um eine Tropfenbildung zu verhindern. Als Wink des Schicksals befand sich im Motorraum eine ungenutzte Bordwanddurchführung, die für das Ableiten der Abgase nach außen verwendet werden kann.

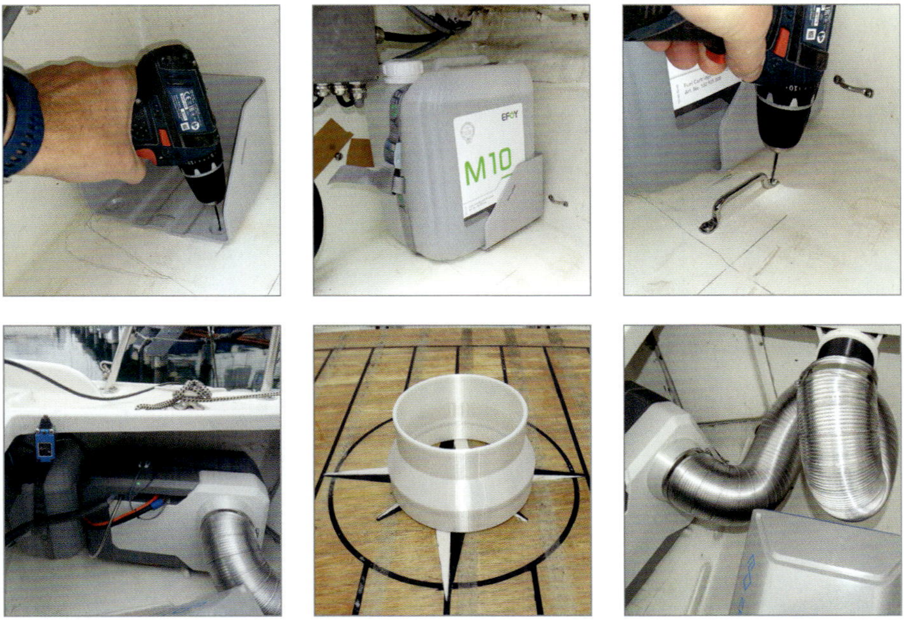

Die Installation der Brennstoffzelle mit ihrem Methanoltank ist einfach.

Als Reaktionsprodukt entsteht u. a. Wasser, das bekanntlich ab 0° zu Eis gefriert. Daher reagiert das Gerät empfindlich auf Temperaturen um den Gefrierpunkt. Sollte es bereits im Betrieb sein, so kann es seinen Dienst bis - 20 °C erfüllen. Muss die Brennstoffzelle jedoch erst noch gestartet werden, so erfüllt sie diese Aufgabe erst ab einer Umgebungstemperatur von + 3 °C. Im Gegensatz zum wassergekühlten Verbrennungsmotor, der ohne Frostschutz im System die Eisbildung nicht überleben würde, kann die Brennstoffzelle wieder aufgetaut und weiterbetrieben werden. Dieser Zustand sollte aber nicht zu häufig auftreten, da sich sonst die Leistungsabgabe stetig verringert. Im Winterlager wird die Brennstoffzelle am besten ausgebaut und an einem trockenen Ort oberhalb des Gefrierpunkts aufbewahrt. Im eingebauten Zustand kann sie eigenständig ein Frostschutzprogramm durchlaufen. Hierfür muss sie dann an einer Batterie angeschlossen bleiben.

Die maximale Betriebstemperatur beträgt 40 °C, die bei Sonneneinstrahlung durchaus erreichbar ist. Ab 35 °C wird die Ausgangsleistung bereits reduziert. Dies ist ein zusätzlicher Grund für eine gute Belüftung des Aufstellortes.
Für den elektrischen Anschluss an die Batterie benötigt die Brennstoffzelle neben den Plus- und Minusanschlüssen eine Sensorleitung, um die Batteriespannung direkt an der Batterie zu messen. Somit werden Messungenauigkeiten durch Spannungsabfälle an den Leitungen verhindert. Ein passender Kabelsatz mit integrierten Schmelzsicherungen ist im Lieferumfang enthalten. Eine Netzwerkleitung verbindet das Gerät mit dem WLAN-Router an Bord. Diese wird für Firmware-Updates und Ferndiagnose in der *EFOY*-Cloud verwendet. Zusätzlich wird ein kleiner Bluetooth-Adapter eingesteckt, um die Brennstoffzelle mit der *EFOY*-App vom Smartphone oder Tablet zu bedienen. Der Hersteller bietet als Alternative eine lokale Bedieneinheit an, die bei mir an Bord nicht zum Einsatz kam.

9.1.3 Betrieb der Brennstoffzelle

Die *EFOY*-Brennstoffzelle verfügt nur über eine Taste und eine LED, die für eine einfache Bedienung ausreichend sind. Wer mehr Informationen benötigt, verwendet die *EFOY*-App oder das Bediengerät (wenn vorhanden). Das bedeutet, dass die Brennstoffzelle zuerst einmal mit elektrischer Energie aus dem 12-V-Akku versorgt werden muss. Diese Erkenntnis war für mich das erste Hindernis, denn in meinem Schaltungslayout sollte die Brennstoffzelle über Trenndioden entkoppelt zwei Batteriesätze gleichzeitig laden. Das funktioniert jedoch nicht, da in dieser Schaltung das Gerät keine Energie aus den Akkus beziehen kann. Somit musste ich mich entscheiden, welcher Akku exklusiv in den Genuss der Methanol-Elektronen kommen durfte. Die zweite Erkenntnis ist, dass bei vollständig entladenen Akkus der Betrieb der Brennstoffzelle nicht möglich ist und somit auch nicht mit ihr geladen werden kann.
Nachdem die Trenndioden überbrückt wurden, konnte ich der Brennstoffzelle Leben einhauchen. Die Verbindung mit dem Tablet war schnell eingerichtet und über die *myEFOY*-App wurden die Systemparameter wie Batterietyp und

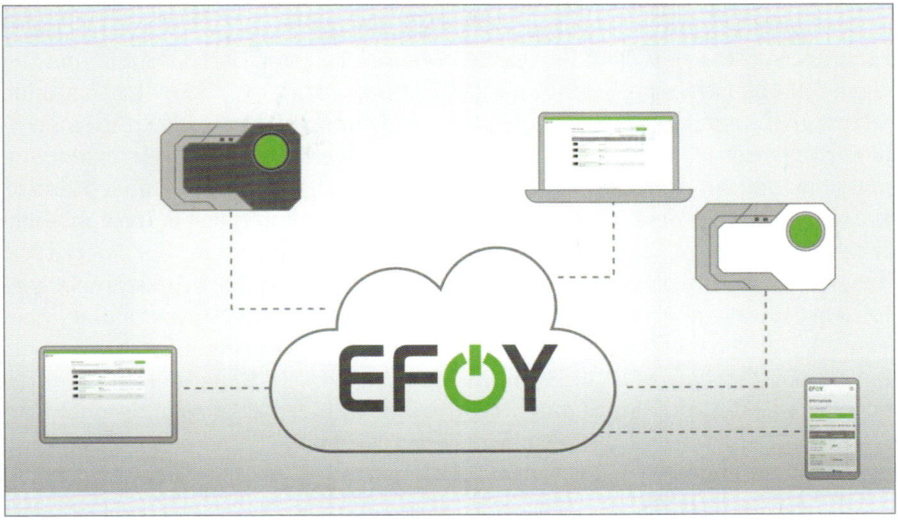

Der Betrieb der Brennstoffzelle kann auf Wunsch über das Internet überwacht werden. [Quelle: *EFOY*]

Größe der Tankpatrone eingestellt sowie die Transportsicherung deaktiviert. Anschließend wurde die Startphase eingeleitet und das Gerät begann sich mit einem leisen Surren auf den Stromerzeugungsbetrieb vorzubereiten. Nach wenigen Augenblicken startete der Ladebetrieb und erreichte nach knapp fünf Minuten seine maximale Ladeleistung von 75 W bei einem Ladestrom von 5,2 A. Ist die eingestellte Ladeschlussspannung erreicht, so schaltet das Gerät automatisch in den Stand-by-Betrieb, um sich bei Bedarf wieder selbstständig zu aktivieren. Um die angeschlossenen Akkus optimal zu pflegen, stoppt die *EFOY*-Brennstoffzelle den Ladestrom nicht abrupt, wenn sie sich ausschaltet, sondern lädt bis zur maximalen Abschaltzeit mit reduziertem Strom weiter. Die Dauer des Nachladens ist abhängig von der Batteriespannung und vom Erreichen des Abschaltstroms.

Im Betriebsmodus »Sleep« wird die Batterie nicht mehr automatisch geladen, sondern nur noch der Batterieschutz und der Frostschutz ausgeführt. Dieser Modus kann zum Beispiel verwendet werden, wenn über längere Zeit der Akku nicht genutzt wird oder der Ladevorgang manuell unterbrochen werden muss. Dafür müssen eine ausreichend gefüllte Tankpatrone und ein Akku angeschlossen sein.

Der Betrieb ist, abgesehen von dem leisen Schnurren, praktisch lautlos und der Abwärmeschlauch noch nicht einmal handwarm. Aus der Abgasleitung kommen spürbar warme Abgase. Ein minimaler Geruch nach Alkohol kann mit gutem Willen wahrgenommen werden. Dies liegt an einem Restbestandteil von Methanol oder Methanol-Abbauprodukten im Abgas, deren Mengen und Konzentrationen nach Aussagen des Herstellers unter den gesetzlichen Grenzwerten liegen.

Da Kohlenstoffdioxid in geringen Konzentrationen praktisch geruchlos ist, konnte ich an den Abgasen keinen Geruch wahrnehmen. Für die menschlichen Sinnesorgane ist der Betrieb also weitestgehend emissionsfrei. Durch den geringen Ladestrom ist eine längere Zeitspanne erforderlich, um die gewünschte Energiemenge zu tanken. In dieser Zeit wird der Betrieb der Anlage kaum wahrgenommen und durch die Automatik kümmert sich das System mit einer 10-l-Tankpatrone für mindestens 150 Stunden um sich selbst. Der Methanolverbrauch wird von der Steuerung kontinuierlich erfasst und daraus die Restmenge in der Tankpatrone berechnet. Alternativ kann auch ein Füllstandsensor erworben werden. Die Tankpatrone sollte erst gewechselt werden, wenn sie vollständig entleert wurde. Das wird durch die LED am Gerät oder in der der *EFOY*-App angezeigt. Die Patrone kann mit wenigen Handgriffen und werkzeuglos bei laufendem Gerät gewechselt werden. Da die Haltbarkeit der Tankpatronen begrenzt ist, sollte man das Ablaufdatum auf ihrer Rückseite im Auge behalten. Verunreinigungen oder fremde Bestandteile im handelsüblichen Methanol beschädigen die Brennstoffzelle. Daher dürfen nur original *EFOY*-Tankpatronen verwendet werden, die von *SFC Energy AG* zugelassen sind. Das ist bei der Routenplanung zu berücksichtigen. Die *EFOY*-Patronen verfügen über eine UN-Zulassung und sind somit für den Transport per See, Straße oder Luft geeignet. Schiffsausrüster wie

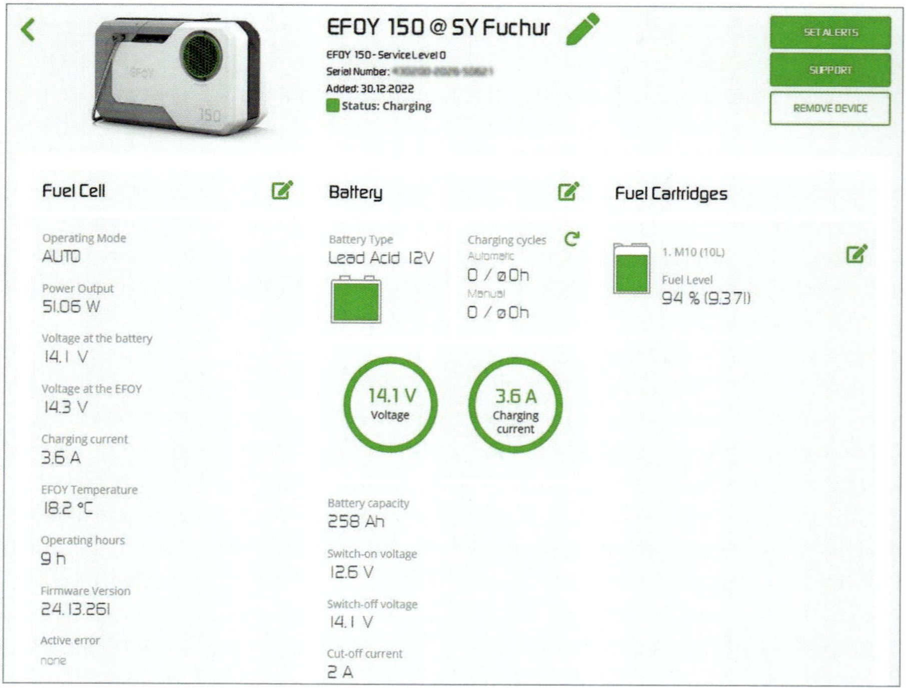

Über das Internet können mit der *EFOY*-Cloud diverse Daten aus der Ferne abgefragt werden. [Quelle: *EFOY*, J. Feddern]

z. B. *SVB* aus Bremen versenden die Patronen weltweit als Gefahrengut.

Bei normalen Einsatzbedingungen ist die *EFOY*-Brennstoffzelle wartungsfrei. Sie enthält keine Teile, die der Skipper an Bord selbst warten oder reparieren kann. Nach längeren Stillstandzeiten kann die Aufforderung »Bitte Servicefluid nachfüllen« erscheinen. In diesem Fall wird das Gerät ausgeschaltet, das Ladekabel entfernt, der Abgasschlauch abgezogen und in die Öffnung eine Flasche vom mitgeliefertem Servicefluid gedrückt. Daher sollte sich immer eine Reserveflasche dieser Flüssigkeit an Bord befinden. Die garantierte Lebensdauer der Brennstoffzelle liegt bei 3.000 Betriebsstunden. Das bedeutet nicht, dass sie danach nicht mehr betrieben werden kann, sondern dass es zu einer schleichenden Abnahme der Ausgangsleistung kommen kann. Als Alternative gibt es die Pro-Version, die eine doppelte Lebensdauer garantiert.
Die vorhandenen Kommunikationsschnittstellen bieten mehrere Möglichkeiten, um auf die Informationen der Brennstoffzelle zuzugreifen und diese fernzusteuern. Bei vorhandener Internetanbindung kann man sich einen geschützten Zugang zur *EFOY*-Cloud einrichten, um von jedem Ort der Welt auf das Gerät zuzugreifen. Neben den aktuellen Betriebsdaten stehen auch historische Daten zur Verfügung und die Betriebsart sowie Einstellwerte können aus der Ferne verändert werden.

[Quelle: *EFOY*, J. Feddern]

Für die Kommunikation der unterschiedlichen Geräte an Bord hat sich der *NMEA-2000*-Standard durchgesetzt, der auf dem CAN-Bus basiert. Obwohl die *EFOY 150* zum Anschluss der Bedieneinheit über einen CAN-Bus-Interface verfügt, kann dieser nicht mit dem *NMEA-2000*-Netzwerk verbunden werden. Stattdessen wurde über die Ethernet-Netzwerkschnittstelle der offene Kommunikationsstandard *MODBUS TCP* integriert, der in der Industrie eine breite Anwendung findet. Auf dem Markt gibt es Übersetzer (Gateways), die einen Datenaustausch zwischen diesen Protokollen ermöglichen. Die Konfiguration setzt jedoch tiefe Systemkenntnisse voraus und konnte im Rahmen dieser Installation nicht getestet werden. Somit ist eine Bedienung und Visualisierung der Brennstoffzelle an meinem Multifunktionsdisplay nicht möglich.

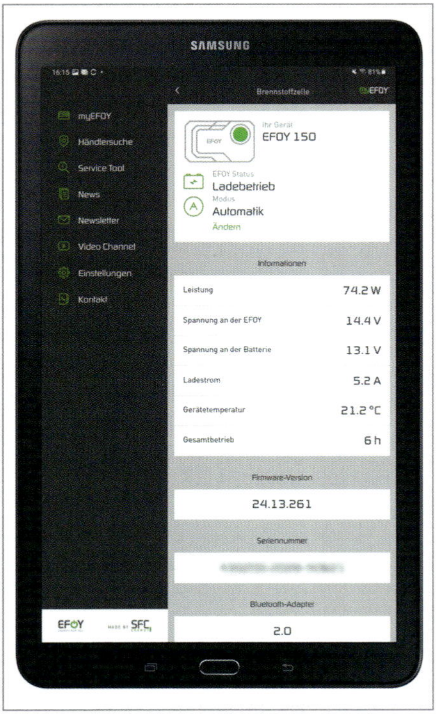

An Bord erfolgt die Bedienung mit einer App auf dem Bord-Tablet. [Quelle: *EFOY*, J. Feddern]

Eine einfachere Form der Systemintegration ist über ein Adapter-Kabel möglich, das z. B. für die Verbindung mit einem *Mastervolt*-System angeboten wird. Hierbei handelt es sich nicht um eine kommunikative Integration, sondern die Fernsteuerung erfolgt über einen potenzialfreien Kontakt. Mit diesem kann die Brennstoffzelle von einem anderen System oder externen Schalter ein- oder ausgeschaltet werden.

9.1.4 Lohnt sich der Einsatz?

Die Beantwortung dieser Frage ist subjektiv und von vielen Parametern abhängig. Aus ökologischer Sicht ist die verwendete Direkt-Methanol-Brennstoffzelle (noch) kein regenerativer Energieerzeuger. Das verwendete Methanol wird (noch) aus dem fossilen Energieträger Erdgas gewonnen, da der Hersteller *SFC* bislang kein grünes Methanol gefunden hat, welches ihren Tests standgehalten hat. Auch wenn man es nicht riechen und sehen kann, so wird pro kWh erzeugter elektrischer Energie circa 1 kg Kohlenstoffdioxid freigesetzt. Ein *Honda EU22i* Benzin-Stromerzeuger liegt gemäß Hersteller mit 931 g/kWh mit seinen CO_2-Emissionen knapp darunter. Diesen Wert muss man jedoch relativieren, da beim Benzingenerator nur etwa 20 % der Abgase CO_2-Emissionen sind und die restlichen 80 % aus Stickstoff, Stickstoffmonoxid, Stickstoffdioxid, Kohlenmonoxid sowie Wasser bestehen und bei schlechter Verbrennung zusätzlich Verbrennungsrückstände als

Qualm und Rauch auftreten. Darüber hinaus ist der Generator viel lauter und heißer, was eine zusätzliche Kühlung erfordert.
Die Vorteile der Brennstoffzelle liegen in der praktisch geräuschlosen und kontinuierlichen, sprich planbaren Stromerzeugung. Eine Alternative oder Ergänzung mit ähnlicher Leistungsausbeute kann ein Solarpanel sein (vorausgesetzt, der Platz ist vorhanden und die Sonne scheint), ein Windgenerator (der jedoch deutlich hörbar ist und Wind benötigt) oder ein Elektroantrieb mit Rekuperation, der das Boot bremst und erst ab einer Fahrt durchs Wasser ab 6 kn eine vergleichbare Leistung erbringen wird.
Mit der maximalen Ausgangsleistung von 75 W ist keine Schnellladung möglich, aber trotzdem ein sinnvoller Beitrag zum Energiehaushalt an Bord gewährleistet. Wenn der Skipper über den Sinus-Umwandler aus der *Nespresso*-Maschine zwei Tassen Kaffee brühen lässt, werden etwa 150 Wh elektrische Energie dafür benötigt. In zwei Stunden hat die Brennstoffzelle diesen Verbrauch mit Hilfe von 100 g Methanol nachgeladen. Muss man auf einer Blauwasserfahrt über eine Entsalzungsanlage Trinkwasser aus Außenbordwasser generieren, so können mit einer 10-l-Tankpatrone Methanol bis zu 800 l Frischwasser hergestellt werden. Oder die Leistung kann verwendet werden, um kontinuierlich eine Kühlbox für ein gut gekühltes Einlaufbier zu betreiben. Bei Nachtfahrt können damit eine moderne Radaranlage, die Navigationselektronik und auch noch die LED-Navigationslichter betrieben werden. Besteht diese Möglichkeit nicht, so werden in einer 10-stündigen Nachtfahrt mehr als 50 Ah aus dem Akku gesaugt oder die Kühlbox hat auf einem acht Stunden Törn den Bordakku um 40 Ah erleichtert. Ohne Lademöglichkeit müsste man diese Energie in einer größeren Akkukapazität mitschleppen. 50 Ah nutzbare Kapazität erfordern einen Gel-Akku von 66 Ah, der mindestens 25 kg wiegt. Dem gegenüber steht ein Methanolverbrauch von 0,6 kg. Somit kann man die Brennstoffzelle als direkte Erweiterung der Akkukapazität verstehen. Die Energiedichte einer 10-l-Tankpatrone beträgt circa 900 Ah nutzbare Kapazität bei einem Gewicht von nur 8 kg. Um diese Kapazität in konventionellen Energiespeichern vorzuhalten, benötigt man fünf Gel-Akkus à 200 Ah oder sechs AGM-Akkus à 220 Ah. Beide Varianten bringen jeweils mehr als 350 kg in die Bilge. Selbst beim Einsatz von Lithium-Ionen-Akkus wären mindestens acht Stück à 100 Ah notwendig, die zusammen mehr als 100 kg wiegen.

Für die direkte Unterstützung einer elektrischen Antriebsanlage ist die Ausgangsleistung der Brennstoffzelle sehr gering. Bei 48 V Betriebsspannung entsprechen die 75 W einem Ladestrom von maximal 1,3 A. Hierfür ist ein DC-DC-Wandler erforderlich, der mit Verlusten behaftet ist. Bei langsamer Marschfahrt benötigt der Antrieb bereits 10 A, sodass eine Stunde Maschinenbetrieb erst in knapp 7 Stunden nachgeladen werden kann. Um meine 4 kWh Antriebsbatterie vollständig zu laden, benötigt die Brennstoffzelle mehr als 60 Stunden, also 2,5 Tage rund um die Uhr. Ein Stromaggregat oder der Landanschluss erledigen diese Aufgabe in knapp drei Stunden.

Bleibt schlussendlich noch die ökonomische Betrachtung: Auch wenn man mit dem Hobby Wassersport die Suche nach einem plausiblen Business-Case schon am ersten Tag aufgegeben hat, so steht jede Investition zumindest im Wettbewerb mit anderen schönen Sachen, die auf der Skipper-Wunschliste ganz oben stehen. Und der Kauf einer Brennstoffzelle wird die Wünsche auf den übrigen Rängen eventuell in weite Ferne schicken, denn sie reißt ein spürbares Loch in die Bordkasse: die getestete *EFOY 150* kostet im Handel etwa 4.500,- €, der kleine Bruder mit 40 W Ausgangsleistung liegt bei 3.000,- €. Demgegenüber sollten die Investitionskosten für die ersparten Batteriekapazitäten betrachtet werden: fünf Gel-Akkus à 200 Ah kosten circa 3.600,- €, sechs AGM-Akkus à 220 Ah liegen bei 3.500,- € und die acht Lithium-Ionen-Akkus fordern sogar mehr als 7.000,- €. Eine Tankpatrone Methanol mit vergleichbarer Kapazität kostet etwa 50,- €. Bei 8 kg Gewicht kann man ohne großen Aufwand auch eine zweite oder dritte mit an Bord nehmen.

Betrachtet man in diesem Zusammenhang die Investitionskosten für einen fest installierten Generator mit Schallschutzhaube und Startautomatik, so liegen diese ohne Einbau bereits bei mehr als 7.000,- € und 60 kg Gewicht. Der Vergleich mit einem tragbaren Benzingenerator für 1.500,- € hinkt etwas, da dieser zwar mehr Leistung hat, jedoch nicht den gleichen Funktionsumfang und Komfort bietet.

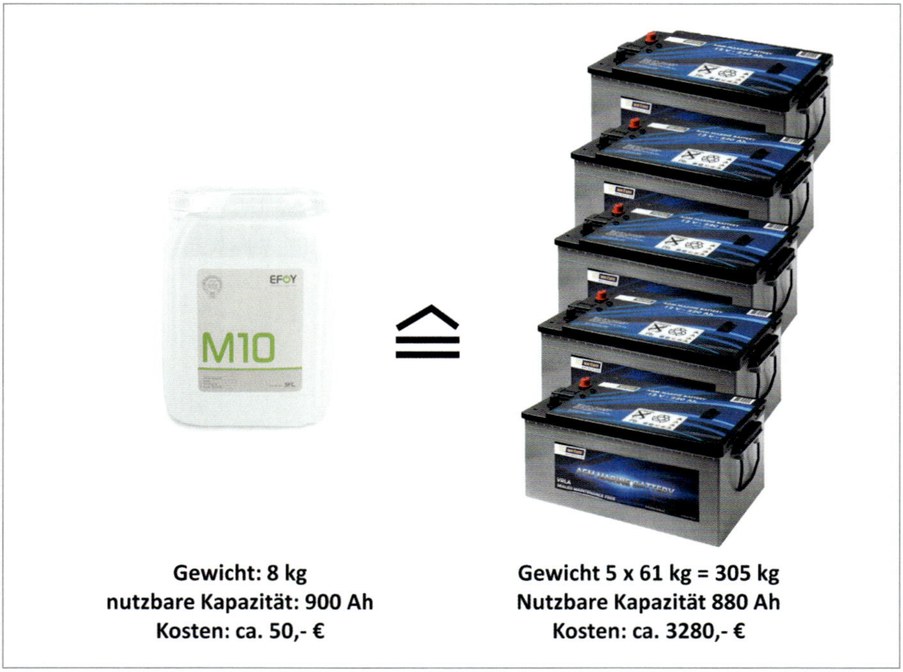

Die nutzbare Kapazität von 10 Litern Methanol entspricht in etwa fünf Batterien mit jeweils 220 Ah C_{20} Kapazität. [Quelle: *EFOY, Vetus,* J. Feddern]

Eine Methanol-Brennstoffzelle ist kein Ersatz für einen Stromgenerator, sondern eine Erweiterung der Akku-Kapazität. Es ist ein tolles Gerät, um praktisch geräuschlos Strom mit geringen Emissionen an Bord zu erzeugen. Das getestete Gerät *EFOY 150* ist sehr kompakt, bringt wenig zusätzliches Gewicht an Bord und kann einfach installiert werden. Es ist für den Dauerbetrieb auf langen Reisen ausgelegt. Aufgrund der fehlenden beweglichen Teile entsteht keine mechanische Reibung und somit kaum nennenswerter Verschleiß. Die Momentanleistung ist relativ gering, was über die längere Betriebszeit kompensiert wird. Wird eine hohe Ausgangsleistung benötigt, so muss diese mit entsprechenden Akkukapazitäten vorgehalten werden. Durch die hohe Energiedichte des verwendeten Methanols wird mit der Brennstoffzelle die Kapazität der Bordstromversorgung bei geringem Gewicht deutlich erhöht. Für lange Reisen ohne zuverlässige Lademöglichkeiten ist das System somit eine ideale Lösung. Zur Erweiterung der Reichweite meiner elektrischen Antriebsanlage ist dieses Konzept jedoch nur bedingt geeignet.

9.2 Benzin-Stromerzeuger für alle Fälle

Im Notfallkonzept konnte ich mich nicht vollständig von fossilen Brennstoffen verabschieden. Deshalb habe ich für alle Fälle einen kleinen 4-Takt-Inverter-Generator mit einer elektrischen Dauerleistung von 2,7 kW besorgt. Bei einem Inverter-Generator wird der Generator zur Erzeugung des elektrischen Stroms nicht direkt von dem Verbrennungsmotor angetrieben, sondern zuerst gleichgerichtet und anschließend über etwas

Ein 3-kW-Inverter-Generator fährt für alle Fälle auf längeren Reisen mit.

Elektronik (Inverter) in Wechselspannung mit konstanter Frequenz umgewandelt. Der Umweg führt dazu, dass die Ausgangsfrequenz nicht von der Motordrehzahl abhängig ist. Diese kann somit entsprechend der Belastung verändert werden: bei wenig Last eine geringe Drehzahl, bei hoher Belastung entsprechend mehr; und wenig Drehzahl bedeutet weniger Geräusche und mehr Effizienz. Die Hauptfunktion des Generators besteht in der Möglichkeit, unterwegs den Antriebsakku nachzuladen. Hierfür ist eine Leistung von 1,4 kW erforderlich. Deshalb wurde der Generator bewusst grösser gewählt, damit er diese Leistung bei geringer Drehzahl bereits abgeben kann. Bei 30 A Ladestrom und 3,4 kn Fahrt, kann ich mit einer Stunde Generatorknattern eine zusätzliche Reichweite von fast 10 sm erreichen. Läuft der Generator, so hat das Aggregat genug Reserven, um bei Bedarf gleichzeitig das Ladegerät für die 12-V-Batterien zu betreiben. Somit werden die Laufzeiten des Benzin-Stromerzeugers hoffentlich kurz sein und so intensiv wie möglich genutzt. Darüber hinaus wurde die Anschaffung mit der angekündigten

Strommangellage argumentiert, sodass er zur Not auch zuhause verwendet werden könnte.

Das verwendete Gerät von *Ekström* wiegt 23 kg und verfügt über einen 140 ccm Einzylindermotor. Durch die IP55 Schutzart kann er im Betrieb an Deck stehen. Der Tank hat einen Inhalt von 4 Liter, die bei 2 kW Belastung für fünf Stunden Betrieb reichen sollen.

9.3 Photovoltaik – Strom aus der Sonne

Eine geräuschlose Möglichkeit zur Energiegewinnung ist die Verwendung eines Solarsystems. Dies besteht bei mir an Bord aus einem 120-W-Solarmodul von *SunPower* sowie einem MPPT-Laderegler von *Western*. Die verwendeten Solarzellen haben einen sehr hohen Wirkungsgrad von mehr als 20 % und können somit mehr Ladestrom als vergleichbare Systeme abgeben. Das Panel ist circa 1 x 0,5 m groß und möchte an Bord untergebracht werden. Das ist auf meiner *Hurley* nicht so einfach, da es überall Abschattungen gibt, die die Ladeleistung beeinträchtigen. Ursprünglich hatte ich geplant, am Heck einen Geräteträger zu montieren, auf dem das Modul über dem Achterdeck thront. Meine provisorische Konstruktion erinnerte jedoch zu sehr an eine Imbissbude und wurde aus optischen Gründen vorerst verworfen. So wird das Solarpanel momentan vor dem Cockpit auf dem Dach der Kajüte gefahren.

Der Laderegler *Wmarine 10* ist ein technisches Wunderwerk. Als MPPT-Regler sucht er kontinuierlich den besten Arbeitspunkt aus. Der eigentliche Clou liegt jedoch im integrierten DC/DC-Converters, der geringe Modulspannungen (die unterhalb der Batteriespannung liegen) auf die erforderliche Batterie-Ladespannung hochtransformieren kann. Andere Regler werden erst aktiv, wenn die Modulspannung ein paar Volt über der Batteriespannung liegt. Dieser Regler arbeitet bereits ab einer Modulspannung von 5 V, was besonders bei teilverschatteten 12-V-Modulen wie an Bord meiner *Hurley* interessant ist.

Eine Solarzelle auf einem Segelboot ist ständig Beschattungen ausgesetzt, was die Energieausbeute deutlich verringern kann. Hier sind ein Solarmodul mit hohem Wirkungsgrad sowie ein spezieller Laderegler erforderlich, die auch aus den geringen Spannungen noch Energie ziehen können.

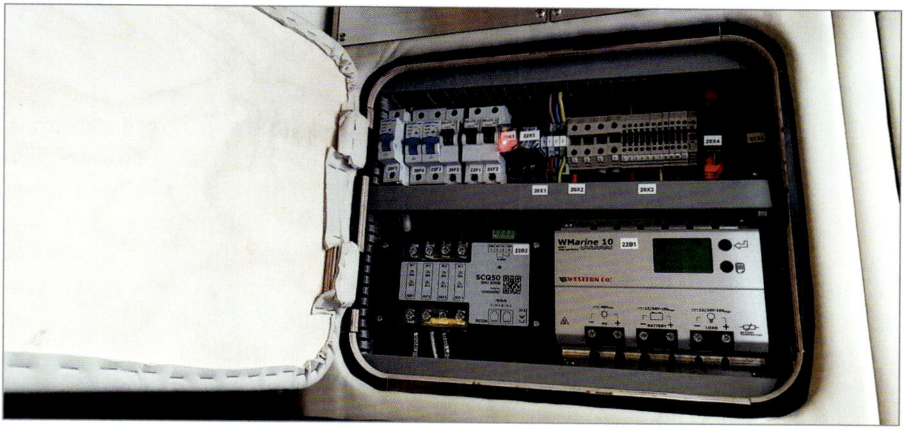

Der Solar-Laderegler (rechts unten im Bild) wurde im Schaltschrank der Antriebstechnik untergebracht.

9.4 Batterie-zu-Batterie-Lader (B2B)

Meine Antriebsanlage verwendet einen 48-V-Akku, für den Bordbetrieb sind drei 12-V-Akkus installiert. Es gibt Situationen, in denen es sinnvoll sein kann, Energie von einem Akku zum anderen zu schicken. Brauche ich z. B. Reserven aus der 12-V-Anlage für den Betrieb des Antriebs, so kann ich über einen 1,5 kW DC-DC-Umwandler kurzzeitig Energie aus dem Bordnetz zur Verfügung stellen. Über ein weiteres Gerät wird die Spannung der Antriebsbatterie auf 13,8 V reduziert, um damit die Bordnetzbatterie mit bis zu 30 A nachzuladen. Diese Funktion wird verwendet, wenn der Landanschluss nicht ausreicht, um beide Ladegeräte parallel zu versorgen. Moderne Elektronik macht es möglich, dass diese Geräte auf Basis von integrierten Schaltreglern mit einem relativ hohen Wirkungsgrad arbeiten. Da dies zu Störungen der elektronischen Systeme an Bord führen kann, sollte man auf hochwertige Geräte mit entsprechender Entstörung achten.

Batterie-zu-Batterie-Wandler, die 12 V in 48 V transferieren können oder umgekehrt. Somit lässt sich die gespeicherte Energie an Bord auch bei unterschiedlichen Spannungen lenken.

10 Navigation & Co.

10.1 Navigationselektronik

Nachdem die *Hurley* nun 40 Jahre mit einem einfachen Verklicker ausgekommen ist, wurde es höchste Zeit, sie mit modernerer Messtechnik auszurüsten.

Auf der Wunschliste standen:

- Windmessanlage
- elektronischer Kompass
- Echolot
- elektronisches Log
- Pinnenpilot
- Multifunktionsdisplay mit GPS
- Radar
- Für die Zukunft sollte es die Möglichkeit geben, eine UKW-Funkanlage nachzurüsten.

10.1.1 Instrumentenserie

Als Instrumentenserie wurde das relativ preisgünstige *System Clipper* aus dem Hause *NASA* gewählt. Die Anzeigegeräte sind 110 x 110 mm groß und haben ein großes, kontrastreiches LCD-Display. Für diese wurden an der Steuerbordseite mit der Stichsäge drei passende Öffnungen in den Kajütaufbau gesägt. Die Kommunikation von der Windmessanlage und vom Kompass erfolgt über das *NMEA-0183*-Signal, das somit auch für das Multifunktionsdisplay oder den Pinnenpilot verwendet werden konnte. Für Echolot und Log wurde ein Kombi-Gerät verwendet.

Der Anschluss der Geräte war einfach

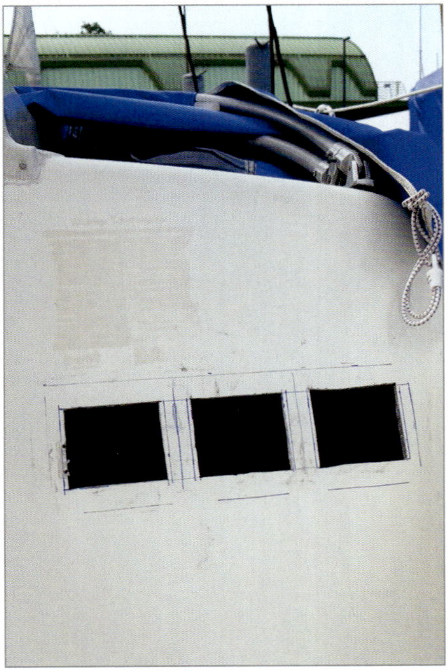

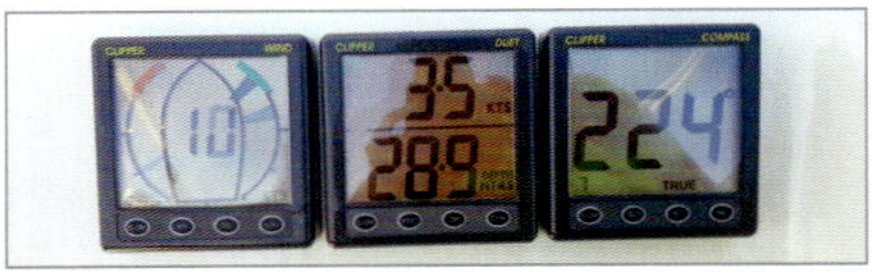

Für die Montage der Instrumente im Cockpit wurden mit der Stichsäge passende Ausschnitte in den Kajütaufbau gesägt. Die Anzeigen sind durch die großen Ziffern gut ablesbar und Windmessanlage sowie Kompass stellen die Daten im *NMEA 0183* zur Verfügung.

und erfolgte von der Rückseite, in meinem Fall innerhalb der 12-V-Verteilung. Nur musste die Sensorik ihren richtigen Montageort finden. Für das Log wurde ein Paddelgeber unterhalb der Wasserlinie befestigt. Hier ergab sich eine passende Stelle im Schacht für den Außenborder, sodass kein Durchbruch durch die Bordwand benötigt wurde.
GFK hat für die Schallwellen des Echolots eine ähnliche Konsistenz wie das umgebende Wasser, sodass diese praktisch verlustfrei den Rumpf durchdringen. Bei Holz oder Metall ist diese Konstruktion nicht möglich. Da die *Hurley* ein GFK-Klassiker ist, konnte der Echolotgeber von innen ohne Durchbruch

Montage der Geber für die Instrumente: Der Paddelgeber (oben) für die Logge fand seinen Platz im Außenborderschacht. Für den Echolotgeber wurde eine Befestigung gedruckt und diese von innen einlaminiert.

der Bordwand montiert werden. Hierfür wurde mit dem 3-D-Drucker ein passender Halter mit Flansch konstruiert, der von innen an geeigneter Stelle einlaminiert wurde.

10.1.2 Sensoren im Mast

Die übrigen Sensoren sowie diverse Antennen und eine Kamera sollten ihren Platz am bzw. auf dem Mast finden. Hierfür wurde für die Mastspitze eine ausreichend große Grundplatte aus Aluminium hergestellt. An einer kurzen Verlängerung für die Dreifarbenlaterne und das Ankerlicht konnte der Ausleger für die Windmesssensorik befestigt werden. Auf der Grundplatte wurden jeweils eine Antenne für das UKW- und DAB-Radio, den GPS-Empfänger und ein LTE-Modem montiert. An der Unterseite wurde eine fernbedienbare 8 MP Netzwerkkamera als elektronischer Ausguck befestigt, mit der das Geschehen an Bord über das Internet beobachtet werden kann. Ursprünglich war an dieser Stelle auch der Fluxgatesensor für den Kompass mon-

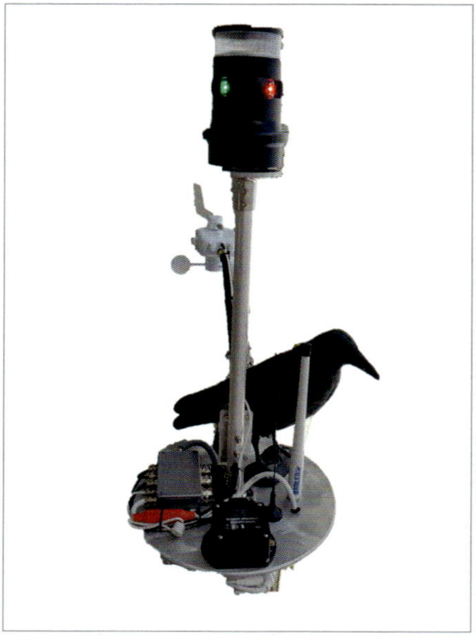

Auf dem Masttopp wurde eine Grundplatte montiert, auf der Geber, diverse Antennen sowie die Navigationsbeleuchtung montiert wurden.

Durch den Mast wurden ein 12-poliges Kabel sowie ein Netzwerkkabel gezogen, die an Deck über wasserdichte Steckverbindungen angeschlossen werden.

tiert. Dieser Platz hat sich jedoch als weniger praktikabel erwiesen, da der Kompass durch die anderen Geräte zu sehr abgelenkt wurde und die Position an der Mastspitze zu hoch war. Nachdem dieser Sensor auf circa halbe Masthöhe abgestiegen ist, funktioniert er sehr zuverlässig. Zum Abschluss hat auf dieser Grundplatte noch ein Rabe aus Kunststoff seine neue Heimat gefunden. Dieser macht seither einen sehr guten Job, da er alle Möwen fernhält.

10.2 Netzwerke

10.2.1 Internet an Bord

Ein Internetzugang an Bord ist kein Luxus. Er ist nicht nur ideal für die Verwendung beim Home-Office an Bord,

Nicht nur Fischer haben ein Netzwerk an Bord. [Quelle: Adobe Stock/Peter Sartig]

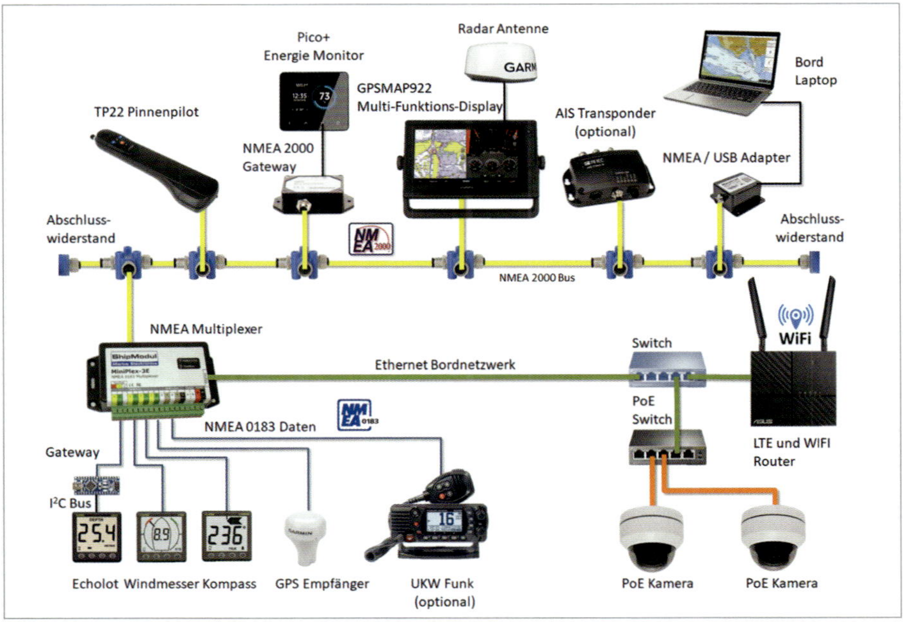

Blockschaltbild und Netzwerke der Navigationselektronik an Bord SY FUCHUR.

sondern ermöglicht auch die schnelle Recherche bzgl. Wettervorhersage, Liegeplätze uvm.
Eine noch größere Bedeutung hat dieser, wenn man aus der Ferne darauf zugreifen kann, um kurz an Bord nach dem Rechten zu schauen. Hier möchte man aber den Personenkreis, der diese Funktion nutzen kann, verständlicherweise einschränken.

Für den Internetzugang habe ich einen LTE-Router von *ASUS* gewählt, in dem eine SIM-Karte eingesteckt ist. Dieses Netzwerk wird über ein bordeigenes WLAN-Netzwerk zur Verfügung gestellt. Kabelgebundene Geräte wurden über einen handelsüblichen Router angeschlossen. Beide Geräte werden mit 12 V betrieben.

Für den sicheren Fernzugriff wurde ein Virtual Private Network – kurz VPN, eingerichtet. Hierbei handelt es sich um eine Netzwerkverbindung, die das Internet als Kommunikationsmedium verwendet, aber von Unberechtigten nicht eingesehen werden kann.
Da ich an Bord durch die LTE-Verbindung keine fixe Internetadresse habe (diese wird bei jedem Verbindungsaufbau neu zugewiesen), verbindet sich mein Bordnetzwerk als Client mit meinem Netzwerk zu Hause. Dort wohnt der Verbindungsserver, der die Kommunikation herstellt und überwacht. Sobald die Verbindung steht, kann ich von zu Hause auf das gesamte Bordnetzwerk zugreifen. Als Software wurde *OpenVPN* verwendet, da der verwendete Router an Bord diese Kommunikation bereits unterstützt.

Der sichere Fernzugriff über das Internet erfolgt über ein verschlüsseltes Netzwerk, das mit *OpenVPN* aufgebaut wurde.

10.2.2 *NMEA*-Navigationsnetzwerk

Für den Informationsaustausch von Marinegeräten haben sich die Kommunikationsstandards *NMEA 0183* und *NMEA 2000* etabliert. Während *NMEA 0183* grundsätzlich eine serielle Punkt-zu-Punkt-Verbindung zwischen einem Sender und einem oder mehreren Empfängern ermöglicht, basiert *NMEA 2000* auf dem CAN-Bus-System, das sich seit vielen Jahren in der Automobilindustrie durgesetzt hat. Bei einem Bus-System hat jeder Kommunikationsteilnehmer eine eindeutige Adresse und alle sind am gleichen Kabel angeschlossen. Bei *NMEA 2000* handelt es sich um ein mehradriges Spezialkabel, das neben den Kommunikationsleitungen auch eine Spannungsversorgung mit an Bord hat. Für den Anschluss der Geräte haben sich spezielle, fünfpolige Steckverbindungen durchgesetzt. Die Verteilung erfolgt grundsätzlich mit vorgefertigten T-Stücken. Wichtig ist, dass das Kommunikationskabel am Anfang sowie am Ende mit einem passenden Bus-Abschlusswiderstand abgeschlossen wird, um Reflektionen und somit Kommunikationsstörungen zu verhindern.
Um den Kommunikationsverkehr überwachen und analysieren zu können, bietet es sich an, das Netzwerk mit einem Adapter an einen Computer anzuschließen. Die Software *NMEA Reader*

ist hierfür als Freeware im Internet verfügbar. Die Daten sind bei *NMEA 2000* in standardisierten Kommunikationsobjekten, sogenannte PGNs, gebündelt. Jedes Gerät gibt an, welche PGN es sendet und welche es lesen kann.

NMEA 0183 ist deutlich älter und einfacher aufgebaut. Auch hier kann der Datenverkehr mit einem einfachen Adapter am Bord-Laptop ausgelesen werden. Da die Daten seriell übertragen werden, stehen die Informationen in einer Ansammlung von unterschiedlichen Zeichen.

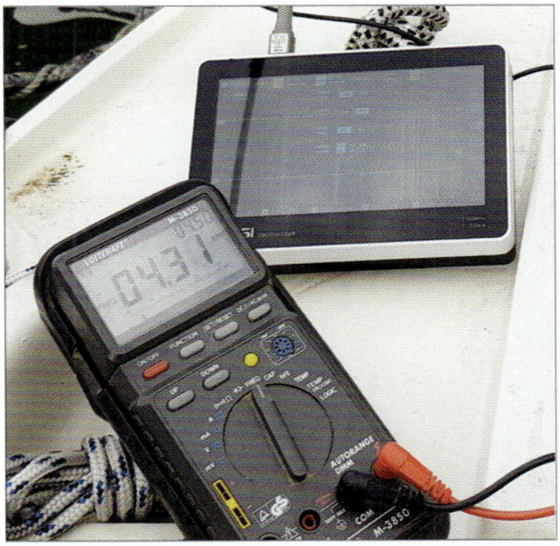

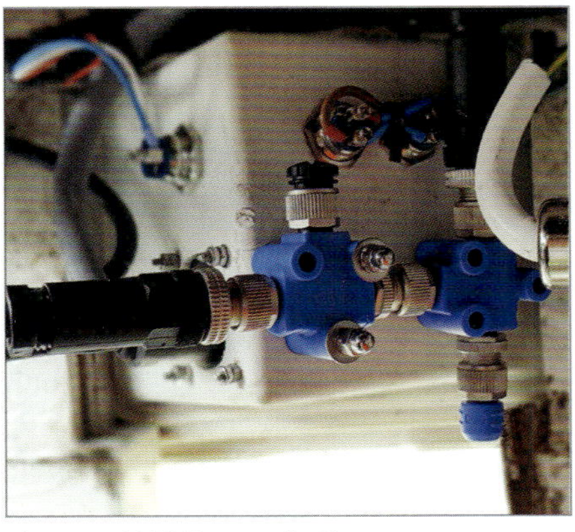

Die *NMEA-2000*-Kommunikation erfordert spezielle Steckverbindungen sowie Bus-Abschlusswiderstände.

Über einen Adapter wird der Bord-Laptop mit dem *NMEA-2000*-Netzwerk verbunden. Alle Daten der unterschiedlichen Kommunikationsteilnehmer können so ausgewertet und überprüft werden.

Vielfach befinden sich an Bord gemischte Installationen mit Geräten, die zum einen *NMEA 0183* und zum anderen *NMEA 2000* sprechen. Damit sich diese Geräte verstehen können, braucht es jemanden, der den Verkehr regelt. Auf meiner *Hurley* hat für diesen Zweck ein kleines Gerät der Firma *ShipModul* angeheuert, das sich *MiniPlex-3E-N2K* nennt. Dieses neue Crewmitglied liest die Daten von bis zu vier *NMEA-0183*-Geräten ein (in meinem Fall Echolot, Kompass, Windmessanlage und GPS) und kann diese Daten an zwei *NMEA-0183*-Empfänger weiterleiten. Darüber hinaus ist es ein aktiver *NMEA-2000*-Teilnehmer und übersetzt die Daten zwischen beiden Protokollen. Zusätzlich verfügt das Gerät über eine Ethernet- oder WIFI-Schnittstelle, um alle Informationen über das Bordnetzwerk weiteren Geräten zur Verfügung zu stellen. Die Konfiguration erfolgt einmalig über eine einfache Windows-Oberfläche.

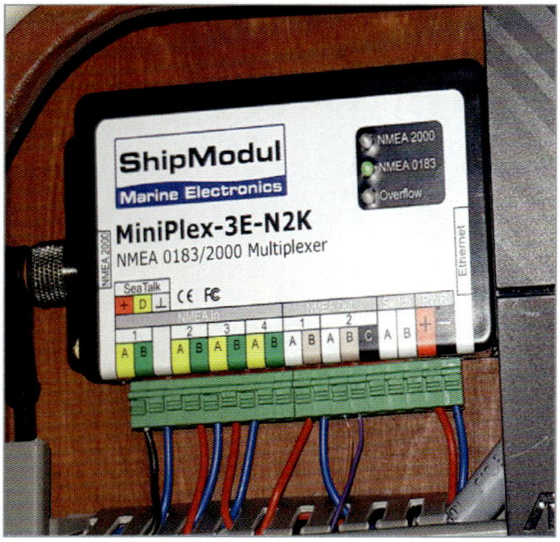

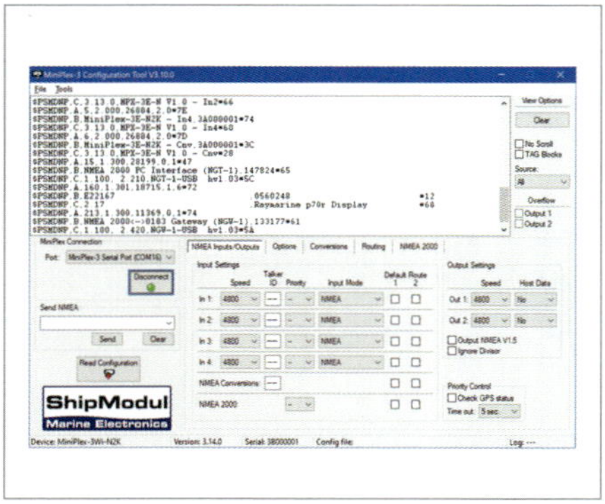

Das MiniPlex-Gerät von *ShipModul* übersetzt die Daten zwischen *NMEA 0183* und *NMEA 2000*. Die Konfiguration erfolgt über eine Windows-Oberfläche.

Das bei mir installierte Echolot vom *NASA-Clipper* verfügte nicht über eine *NMEA*-Schnittstelle. Mit einem Trick konnte ich die Daten trotzdem im *NMEA*-Format generieren. Die große Echolotanzeige verfügt nämlich über eine I2C-Schnittstelle, um eine Tochteranzeige anzuschließen. Für genau diese Schnittstelle findet man im Internet ein Programm für einen kleinen Arduino-Microcontroller, der die Daten in das *NMEA-0183*-Format übersetzen kann. Bei *eBay* konnte ich einen solchen Microcontroller ersteigern und habe ihn mit einem zweiten Echolotgeber installiert. Somit steht die Wassertiefe auch im Navigationsnetzwerk zur Verfügung und wird z. B. auf dem Multifunktionsdisplay angezeigt.

10.2.3 Fernüberwachung mit *LoRaWAN* – das Internet der Dinge an Bord

Der Fernzugriff auf das Bordnetzwerk über das Internet hat viele Vorteile. Leider ist dieser Vorgang relativ energieintensiv, sodass es dauerhaft nur funktioniert, wenn man am Landanschluss angeschlossen ist. Im Batteriebetrieb braucht es Möglichkeiten,

diese Aufgabe mit weniger Energieeinsatz zu lösen. Ein Blick in das Internet der Dinge liefert einen geeigneten Lösungsansatz: das *LoRaWAN*. Die Abkürzung steht für *Long Range Wide Area Network*. Es ermöglicht ein energieeffizientes Senden von Daten über lange Strecken. Dies wurde speziell für das Internet of Things (IoT) und Industrial Internet of Things (IioT) entwickelt.
Dabei tauscht ein *LoRa*-fähiges Endgerät wenige Datenpakete mit einem Gateway aus. Dies ist mit dem Internet verbunden und Plattformen, wie z. B. *The Things Network* ermöglichen den verschlüsselten Zugang. Nun braucht es noch ein Endgerät, z. B. ein Tablet oder Handy, auf dem eine Applikation konfiguriert wird, um einfach auf das Gerät zuzugreifen. Ich habe hierfür die Applikation Datacake verwendet.

Als Endgerät habe ich auf meiner *Hurley* den *LoRaWAN-I/O* Controller *LT-22222-L* vom *www.iot-shop.de* verwendet. Das Gerät kostet etwa 50,- € und verfügt über eine Vielzahl von Anschlüssen wie analogem Stromeingang, analogem Spannungseingang, Relaisausgängen, digitalen Eingängen und digitalen Ausgängen. Ich überwache somit ständig die Batteriespannungen an Bord. Der Clou besteht jedoch in dem über *LoRa*-fernsteuerbaren Relaisausgängen. Damit schalte ich nämlich aus der Ferne mein Bordnetzwerk ein, warte bis die Verbindung aufgebaut wurde, und kann dann vollumfänglich nach dem Rechten sehen. Mit einem Fingertipp wird die Verbindung ausgeschaltet und der Energieverbrauch ist wieder minimal.

LoRaWAN-I/O Controller vom *iot.shop*, der den Fernzugriff bei minimalem Energiebedarf einleitet.

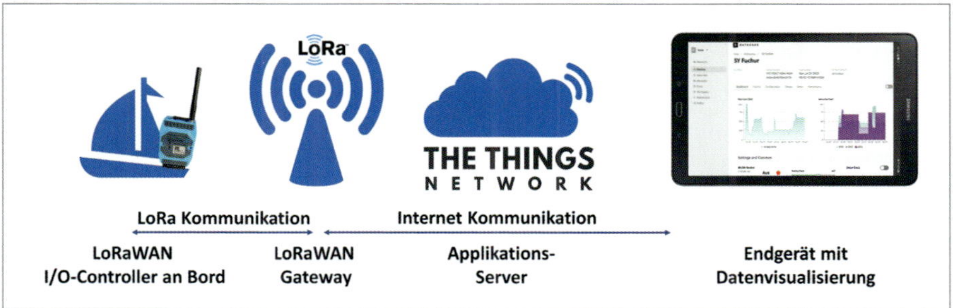

LoRaWAN-Kommunikation wird verwendet, um das Boot an das Internet der Dinge anzubinden.

10.3 Netzwerkschaltschrank

Die gesamte Netzwerktechnik musste an Bord einen geeigneten Platz finden. Hierfür wurde nach bekannter Methode ein passender Schrank angefertigt, der zwischen Bordbar und Schaltschrank für die Antriebsanlage seinen Platz gefunden hat.

Im Inneren befinden sich der LTE-Router sowie die beiden Netzwerk-Switches, die aus Platzgründen als Sandwich übereinander montiert wurden. Für die *NMEA-2000*-Anschlüsse wurde eine eigene Verteilung auf einer Aluminiumplatte konstruiert, die entsprechend beschriftet wurde. In die Tür wurden die zusätzliche Echolotanzeige sowie ein Panel mit Wippschaltern eingebaut. Hier lassen sich das zusätzliche Echolot sowie die PoE-Kameras einschalten. Auf der Innenseite der Tür hat das *NMEA-2000*-Gateway des *Pico-Energiemanagements* seine neue Heimat gefunden.

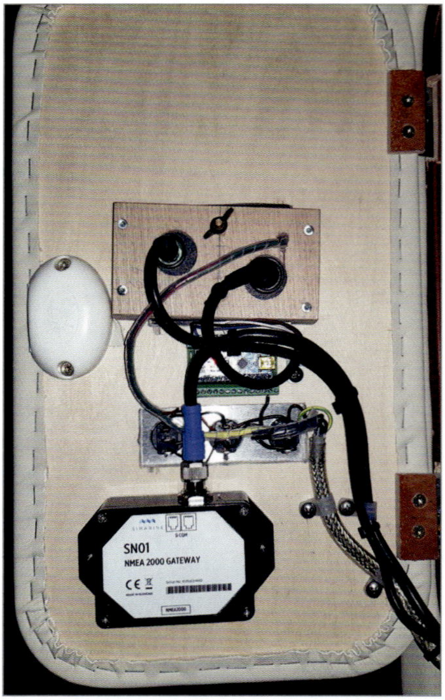

Für die Netzwerkkomponenten wurde ein weiterer Schaltschrank erstellt.

10.4 Kamera als Ausguck im Mast

Die Kamera im Mast sowie eine optionale Kamera für die Kajüte sind sogenannte *Power over Ethernet* (PoE) Geräte. Das bedeutet, dass die Versorgungsspannung mit über das Netzwerkkabel transportiert wird, also kein weiteres Kabel für die Spannungsversorgung verlegt werden muss. Die Spannung beträgt 48 V. Dafür sind lediglich ein kleiner Umwandler von 12 V auf 48 V sowie ein PoE-Switch erforderlich. Die Kameras können über einen Schalter deaktiviert werden, um auf Wunsch für ausreichend Privatsphäre zu sorgen.

Die im Masttopp installierte 8-Megapixel-Kamera verfügt über 4K-Video-Auflösung. Die Bilder werden also mit fast 4.000 Pixeln dargestellt. Darüber hinaus können die Blickrichtung und der Zoom verändert werden. Somit kann dem elektronischen Ausguck z. B. über ein Tablet oder Handy mitgeteilt werden, in welche Richtung er Ausschau halten soll.

An der Mastspitze dient eine Kamera als elektronischer Ausguck.

Der elektronische Ausguck im Mast kann einfach über ein Tablet oder Handy bedient werden.

10.5 Multifunktionsdisplay – Durchblick und Überblick bewahren

Als Multifunktionsdisplay (MDF) wurde an der Backbordseite des Kajütaufbaus eine *GPSMAP 922* von *Garmin* installiert. Es arbeitet in Hauptfunktion als elektronische Seekarte und dient nebenbei als Anzeige für sämtliche *NMEA*-Daten, die an Bord gesammelt werden. Der 9 Zoll große Bildschirm verfügt über einen erstaunlich schnell ansprechenden Touchscreen sowie über ein sehr helles Display, das auch bei direkter Sonneneinstrahlung eine gute Ablesbarkeit ermöglicht.

Dank des integrierten GPS-/GLONASS-Empfängers mit 10 Hz werden die Position und der Steuerkurs 10-mal pro Sekunde aktualisiert. Die Positionsdaten werden im *NMEA-2000*-Netzwerk anderen Geräten zur Verfügung gestellt. Der erwähnte externe GPS-Empfänger auf der Mastspitze dient als Backup-

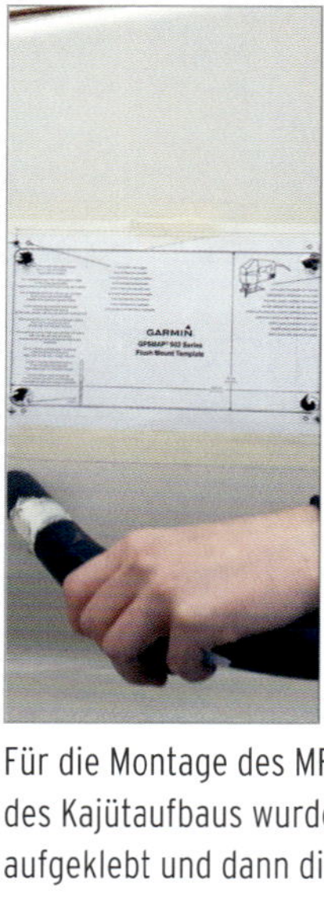
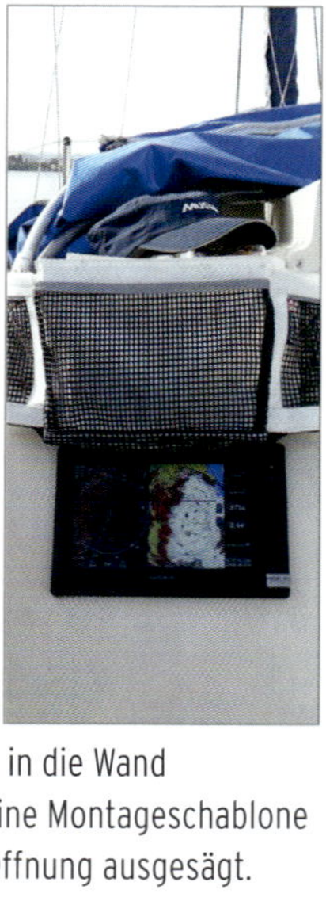

Für die Montage des MFDs in die Wand des Kajütaufbaus wurde eine Montageschablone aufgeklebt und dann die Öffnung ausgesägt.

Die Rückseite des MFDs befindet sich im 230-V-Schaltschrank, sodass von dort alle Anschlüsse gut zugänglich sind.

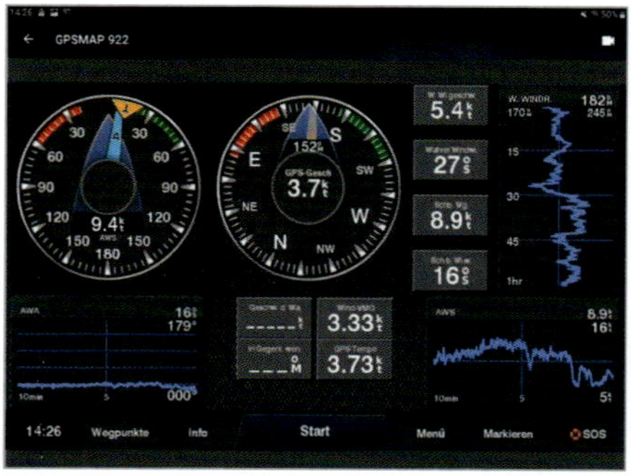

Die unterschiedlichen Daten werden in vordefinierten Darstellungen angezeigt. Es lassen sich zusätzlich eigene Menüs mit beliebigem Datenmix zusammenstellen.

Lösung. Darüber hinaus kann er mit einem AIS-Empfänger gekoppelt werden und die Positionsdaten von Schiffen mit DSC-fähigem UKW-Funk anzeigen.
Das Gerät lässt sich über eine WIFI-Verbindung mit einem Tablet verbinden, auf dem die gesamte Oberfläche mit der *Active-Captain*-App gespiegelt wird. Hierfür verwende ich von *Samsung* das 10,1 Zoll große *Galaxy Tab Active Pro*. Es ist äußerst robust nach Militärstandard gebaut worden, hat schockabsorbierende Eigenschaften und ist wasserdicht nach IP68. Ein Regenschauer im offenen Cockpit stellt kein Problem dar und selbst, wenn es über Bord geht, ist es noch nicht verloren. Für die Verbindung muss sich das Tablet in das spezifische WLAN des MFDs einwählen, eine Einbindung in das Bord-WLAN ist mir bisher nicht geglückt. Das ist etwas unbequem, denn für den Zugriff auf andere Apps muss ich jeweils das WLAN-Netzwerk am Tablet wechseln.

Die Funktion des MFDs kann vollständig auf ein Tablet gespiegelt werden und ist somit an jedem Ort an Bord mobil verfügbar.

10.6 Pinnenpilot – der elektronische Rudergänger

Meine *Hurley* sollte vollständig für den Einhandbetrieb eingerichtet sein. Um z. B. beim Segelbergen die Hände frei zu haben bot es sich an, einen zuverlässigen Rudergänger an Bord zu lassen. Zum Einsatz kam der Pinnenpilot *TP22* von *Simrad*. Er verfügt über einen integrierten Fluxgatekompass, kann aber auch über die *NMEA-0183*-Schnittstelle mit einem externen Kompass sowie einer Windmessanlage verbunden werden.
Die Montage des kleinen Helfers war unproblematisch. Gemäß Handbuch wurde bei knapp 50 cm an der Pinne ein kleiner Stift aus Edelstahl mit Kugelkopf (Tillerpin) in ein 6,3 mm Loch eingelassen und mit Epoxid-Kleber festgesetzt. Im Betrieb hatte sich herausgestellt, dass bei mir an Bord bei viel Wind der mögliche Ruderwinkel zu sehr eingeschränkt war und das Schiff somit nicht auf Kurs geblieben ist. Daher habe ich den Tillerpin nachträglich um circa 10 cm nach achtern versetzt. Obwohl der Hebelarm dadurch etwas kürzer wurde, hat der Pinnenpilot genug Kraft, um nun auch bei viel Wind und Seegang sicher den Kurs zu halten. Auf den Kugelkopf des Tillerpins wird im Betrieb die Zugstange des Piloten aufgeschnappt.
Die Position für das Widerlager des Piloten wurde ermittelt, indem ich diesen bei halb ausgefahrener Schubstange senkrecht zur Pinne ausgerichtet habe. An diesem Punkt sollte nun eine Messing-Steckhülse in eine Bohrung eingelassen werden. Da ich in meine Sitzbank kein Loch bohren wollte, und ich auch die Höhe noch etwas anpassen

Der Pinnenpilot als elektronischer Rudergänger.

musste, habe ich mir aus wasserfest-verleimtem Sperrholz eine Konstruktion gebaut, die das Widerlager des Piloten aufnimmt. Sie wird im Betrieb einfach über das Dollbord gehängt. Für den elektrischen Anschluss wurde eine passende Steckdose mitgeliefert, die den neuen Rudergänger mit Strom und Daten versorgt. Diese wurde in einen Kunststoffkasten integriert, der weitere Bedieneinheiten mit aufgenommen hat. Bei Nichtgebrauch wird der Pinnenpilot

Das Widerlager wird einfach über das Dollboard gehängt und nach Gebrauch zusammen mit dem Pinnenpiloten verstaut.

Der Tillerpin, zur Verbindung des Autopiloten mit der Ruderpinne, wurde mit 2-K-Kleber eingeklebt.

sicher unter Deck verstaut und kann in wenigen Sekunden zum Einsatz gebracht werden.
Im Betrieb möchte ich diesen Rudergänger mittlerweile nicht mehr missen. Mit einem Knopfdruck teile ich ihm mit, dass der aktuell gefahrene Kurs als Sollkurs übernommen wird. Kurskorrekturen können nach Backbord und Steuerbord in 1° und 10° Schritten vorgenommen werden.
Steht eine Wende an, so genügt ein Tastendruck und die Angabe, in welche Richtung gewendet wird. Der Pilot führt das Manöver anschließend selbstständig aus, sodass ich mich nur noch um die Segel kümmern brauche. Im Kompass-Modus rechnet der Pilot mit einem Wendewinkel von 100° in Bezug auf den vorherigen Kurs, im Wind-Modus segelt das Schiff auf den gleichen scheinbaren Windeinfallwinkel, aber auf dem anderen Bug. Diese Funktion steht aber nur bei Kursen kleiner als 90° am scheinbaren Wind zur Verfügung (nicht vor dem Wind).
Über die Kommunikation mit dem Multifunktionsdisplay ist es möglich, dass der Pilot den nächsten Wegpunkt automatisch ansteuert. Hierfür wurde der Pinnenpilot in das *NMEA-2000*-Netzwerk eingebunden und automatisch vom MFD erkannt.
Auch bei Schietwetter verrichtet der neue Helfer an Bord treu seinen Dienst, da Schubstange und Elektronik speziell abgedichtet wurden. Der Hersteller gibt an, dass das Gerät im 24 Stunden Dauerbetrieb unter Wasser getestet wurde. Ich habe nicht vor, diesen Test auf meiner *Hurley* zu wiederholen.

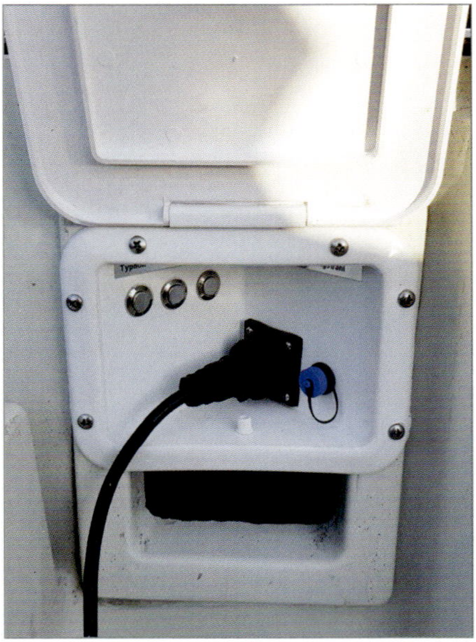

Für die elektrischen Anschlüsse wurde im Schott zum Motorraum eine Bedieneinheit eingebaut.

Der Pinnenpilot *TP22* im Einsatz.

10.7 Radar – wenn's dicke kommt

Wer bei Nebel, Regen oder Schneetreiben auf dem Wasser unterwegs ist, hat eine deutlich eingeschränkte Sicht. Wie weit ist der dunkle Schatten recht voraus wirklich noch weg? Und von wem kommt das deutlich zu hörende Motorbrummen auf der Steuerbordseite? Eine stehende Peilung mit einem anderen Fahrzeug wird u. U. erst sehr spät erkannt und man bemerkt die versetzte Fahrwassertonne erst, nachdem man sie mit der Bordwand gestreift hat. Nach so einer Erfahrung wird ein Skipper früher oder später die eigene Radaranlage an Bord auf seiner Wunschliste ganz weit nach oben schieben.

Während früher die Positionsbestimmung bei verminderter Sicht fast unmöglich war und man sich daher auf das Koppeln verlassen musste, so bieten heutige globale Navigationssatellitensysteme (GNSS) wie GPS, GLONASS oder Galileo eine trügerische Sicherheit. Man weiß zumindest wo man ist. Aber was und wer ist um einen herum? Eine sinnvolle Unterstützung ist, neben einem wachsamen Ausguck, ein Radarsystem.

Da an Bord meiner *Hurley* bereits das Multifunktionsdisplay von *Garmin* angeheuert hatte, stand das Fabrikat eines möglichen Radars fest. Vom Hersteller konnte ich ein modernes Doppler-Radar mit Pulskompression ausführlich testen.

10.7.1 Montage der Antenne

Sender und Empfänger befinden sich in einem 17 Zoll Radom (ca. 43 cm Durchmesser), das circa 8 kg auf die Waage bringt. Auf der *Hurley 700* ist es nicht so einfach, einen sinnvollen Installationsort für die Antenne zu finden. Auf Segelschiffen bietet sich grundsätzlich die Mastmontage auf einer Höhe von etwa 6 m über Deck an. Bei mir war das keine Option, da die Gefahr bestand, dass bei

Bei schlechter Sicht kann auch auf einem kleinen Boot ein vernünftiges Radar eine echte Hilfe sein. [Quelle: Adobe Stock/Clarini]

Die horizontale und vertikale Öffnung der Radarantenne hat einen wesentlichen Einfluss auf ihr Auflösungsvermögen.

Für die Radarantenne wurde ein kleiner Mast aus V4A-Rohr am Achterschiff an der Reling befestigt.

Um den Radarmast an Deck zu stellen und dabei die Kabel nicht abzuknicken, wurde mit dem 3-D-Drucker eine passende Hülse gefertigt.

jeder Wende die Genua an der Radarantenne hängen bleibt. Ein anderer, oft anzutreffender Installationsort ist der Achterstag, an dem die Antenne mit einer Hilfsschiene befestigt werden kann. Da ich das Gerät nur für begrenzte Zeit als Gast an Bord hatte, habe ich mich für einen improvisierten Radarmast entschieden. Dieser besteht aus einem zwei Meter V_4A-Rohr mit 25 mm Durchmesser und 2 mm Wandstärke. Das obere Ende wurde mit einem Relingfuß abgeschlossen, um dort eine Trägerplatte aus GFK-Verbundwerkstoff zu befestigen. Diese wurde entsprechend dem Profil der Antenne zugeschnitten und mit dem Relingfuß verschraubt. Entsprechend der mitgelieferten Bohrschablone wurden die Befestigungslöcher gebohrt und das Gerät mit M8 Schrauben befestigt. Die beiden Kabel für Kommunikation und Spannungsversorgung wurden elegant, weil unsichtbar, durch das Rohr geführt. Hätte ich das Gerät dauerhaft an Bord behalten, so hätte ich an Deck einen Einlassfuß für das Mastrohr montiert. Da ich jedoch keine Öffnung im Deck nach dem Radartest haben wollte, konnte ich das Rohr nur auf dem Deck abstellen, aus dem aber die beiden Kabel hingen. Am CAD-System habe ich einen passenden Adapter entworfen, der einen sicheren Stand sowie eine seitliche Führung der beiden Kabel ermöglichte. Dieser wurde vom 3-D-Drucker in die Realität umgesetzt. So konnte der Mast sicher an Deck stehen und wurde mit zwei Doppelrohrschellen parallel zu der Relingstütze an der Steuerbordseite des Achterdecks befestigt. Somit ist die Position der Radarantenne hoch genug, dass sich aufrechtstehende Personen im Cockpit außerhalb der Radarkeule befinden. Nur eine Person auf dem Vorschiff würde sich im Abdeckungsbereich der Radarwellen befinden. Sollte dort jemand sein, so kann das Gerät ja ausgeschaltet werden. Ich hatte zuerst Bedenken, inwieweit die Position hinter dem Mast zu einer Abschattung nach Backbord-voraus führen wird, da sich der Mast mitten im Radarstrahl befindet. In der Praxis konnte ich zum Glück keine wesentliche Beeinträchtigung feststellen. Um die exakte Ausrichtung der Schiffsvorausrichtung muss man sich bei der Montage keine Sorgen machen, da diese elegant am Bediengerät korrigiert werden kann. Hierfür steuert man ein eindeutiges Ziel rechtvoraus an und korrigiert die Position in der Software, bis Ziel und Radarsignal deckungsgleich sind.

10.7.2 Anschluss an das Bediengerät

Hatten früher die Radargeräte noch dicke Kabel mit bis zu 100 Einzeladern, so benötigt das genannte Gerät nur eine Spannungsversorgung und ein Netzwerkkabel mit *RJ45*-Steckern. Der Anschluss an das Display erfolgt per Plug & Play: einfach einstecken und schon erkennt das MFD selbstständig das Radargerät und blendet alle erforderlichen Menüs automatisch ein. Einfacher geht es nicht!

Die maximale Stromaufnahme ist mit 4 A angegeben. Um den Spannungsabfall so gering wie möglich zu halten, habe ich die Spannungsversorgung mit 2,5 mm^2 verkabelt. Bei einer Absicherung mit 7,5 A hätte bzgl. Leitungsschutz ein 1,5 mm^2 Kabel gereicht.

Um gewisse Funktionen wie z. B. Karten-Overlay und MARPA zu nutzen, muss das Radargerät die Schiffsvorausrichtung kennen, und das ist der Kurs durchs Wasser. Das GPS-System ermittelt den Kurs über Grund, und der stimmt durch Wind- und Stromversatz nicht immer mit der Vorausrichtung überein. Daher wird das *NMEA*-Signal eines Magnetkompasses benötigt. Auf meiner Hurley ist ein elektronischer Magnetkompass von Clipper installiert, der seinen Kurs über das *NMEA*-Protokoll an das MFD weiterleitet. Alternativ bietet der Hersteller einen Steuerkompass an, der einfach an das Bediengerät angeschlossen wird.

10.7.3 Bedienung und Betrieb

Die Bedienung erfolgt entweder über eine Touch-Oberfläche direkt am MFD oder über eine App auf einem Tablet. So kann das Radarbild drahtlos an jedem Ort an Bord mitgenommen werden. Die Anzeigen am Tablet und am eingebauten MFD sind immer synchron. Der Sendebetrieb wird durch ein Bedienfeld mit einem Fingertipp ein- und ausgeschaltet. Ein Vorwärmen ist nicht erforderlich und es erscheint unverzüglich das Radarbild auf dem Display.

Die üblichen Einstellungen als Radarbediener waren bisher zuerst die Feineinstellung der Verstärkung sowie die Anpassung der Regen- und Seegangsdämpfung. Mit diesen Werten nährte man sich in der Vergangenheit schrittweise einem brauchbaren Radarbild an. Mein Gast-Radargerät verfügt über eine erstaunlich gute Automatik, sodass bereits nach dem Einschalten ein brauchbares Bild zu sehen ist. Die Feinabstimmung ist bei Bedarf immer noch manuell möglich. Fahrzeuge in meiner Umgebung sind deutlich sichtbar, selbst kleine Boote. Die Größe eines Radarechos spiegelt häufig nicht die tatsächliche Erscheinung des Objekts wider, da das Echo stark von seiner Form und Beschaffenheit abhängt. Stahl gibt z. B. ein gutes Echo, während Holz und Kunststoff weniger reflektieren. Ein rundes Profil, wie z. B. ein Segelmast, liefert ein sehr schlechtes Echo. Daher sollte jeder Segler einen Radarreflektor haben, um selbst im Radar gesehen zu werden. Zu meiner Überraschung wurden die Proportionen von Kontakten im Umkreis von einer Seemeile erstaunlich realistisch als Radarecho dargestellt.

Es gibt Situationen, in denen man sein

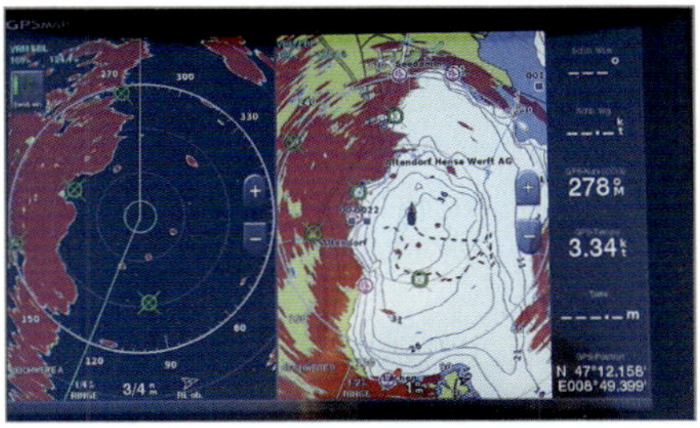

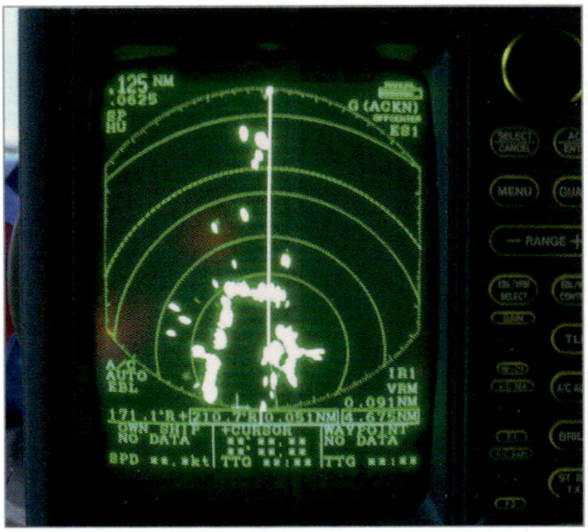

Die Anzeige des Radarbildes muss sich nicht vor großen Geräten verstecken. Dort war das Bild auch nicht größer, das Anzeigegerät aber ein Monster.

nahes Umfeld sehen möchte, ohne das große Ganze zu verlieren. Da früher die Impulslänge mit dem gewählten Entfernungsbereich angepasst wurde, konnte man nur das eine oder das andere sehen, aber nicht beides gleichzeitig. Pulskompression macht es möglich, dass man nun den Bildschirm teilen und für jeden Bereich die individuelle Reichweite einstellen kann.

Die Funktion des Doppler-Effekts erfüllt ihren Zweck, da Fahrzeuge, die sich eindeutig von mir wegbewegen, in grün dargestellt werden. Alle anderen erscheinen rot.

Die Drehgeschwindigkeit der Radarantenne kann zwischen 24 und 48 U/min gewählt werden. Für die Marschgeschwindigkeit meiner *Hurley* sind 24 U/min ausreichend. Da sich in meinem Revier häufig Wasserskiboote mit bis zu 40 kn auf relativ engem Raum bewegen, ist eine schnellere Aktualisierung des Radarbilds mit 48 U/min allerdings nicht zu verachten. Fairerweise ist anzumerken, dass diese Geschwindigkeiten nicht bei verminderter Sicht gefahren werden und man – wenn erforderlich – die Ausweichmanöver auch gut ohne Radar nach Sicht fahren kann.

Elektronisches Peillineal, variable Messringe und Messungen zwischen beliebigen Punkten gehören seit vielen Jahren bei Radargeräten zum Standard und fehlen bei dem verwendeten *GMR FANTOM 18* natürlich nicht. Zudem kann das Zentrum des Radarbilds beliebig mit dem Finger verschoben werden, um z. B. einen größeren Bereich in Schiffsvorausrichtung einzusehen.

Die Nahauflösung wurde bei der nächtlichen Einfahrt in den Heimathafen herausgefordert. Dies war bisher definitiv nicht die Stärke von See-Radaranlagen. Da die Antenne sich an meinem Heck befindet und der blinde Bereich gemäß Herstellerangaben nur noch sechs Meter beträgt, müsste ich ja unmittel-

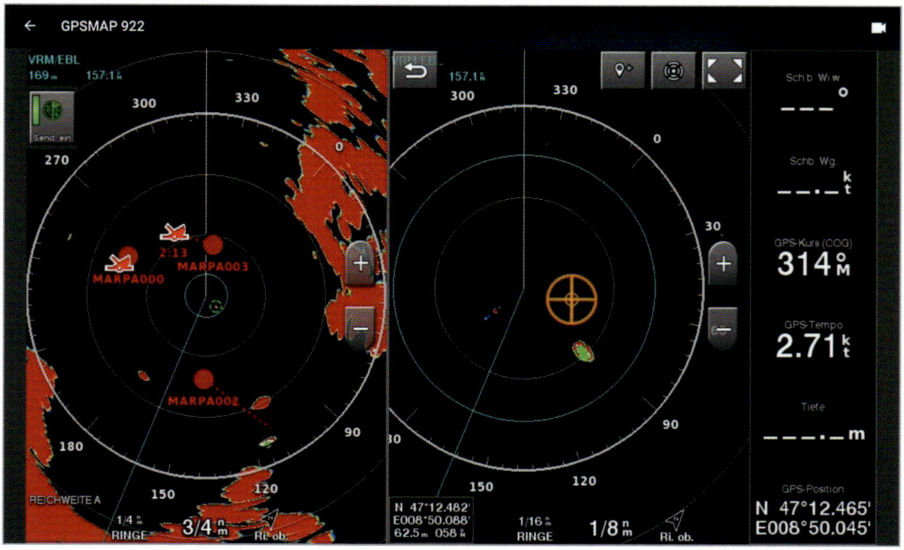

Parallele Anzeige unterschiedlicher Entfernungsbereiche trägt zur Sicherheit bei.

bar vor meinem Bug bereits nutzvolle Echos erhalten. Und in der Tat: Sogar die beiden Dalben meiner schmalen Liegeplatzbox wurden als einzelne Echos dargestellt. Mit dem Radarbild auf dem Tablet in der einen Hand und der Ruderpinne in der anderen ist die Radarnavigation beim Anlegen ein ganz neues Erlebnis

10.7.4 Zielverfolgung auf Knopfdruck

Was bei der Bundesmarine mühsam von Hand erledigt wurde, funktioniert nun auf Knopfdruck: bis zu 30 Radarechos können mit dem Finger markiert und fortlaufend getrackt werden. Sollte eines dieser Ziele dem eigenen Schiff zu nahekommen, so wird unverzüglich ein Alarm ausgesendet.

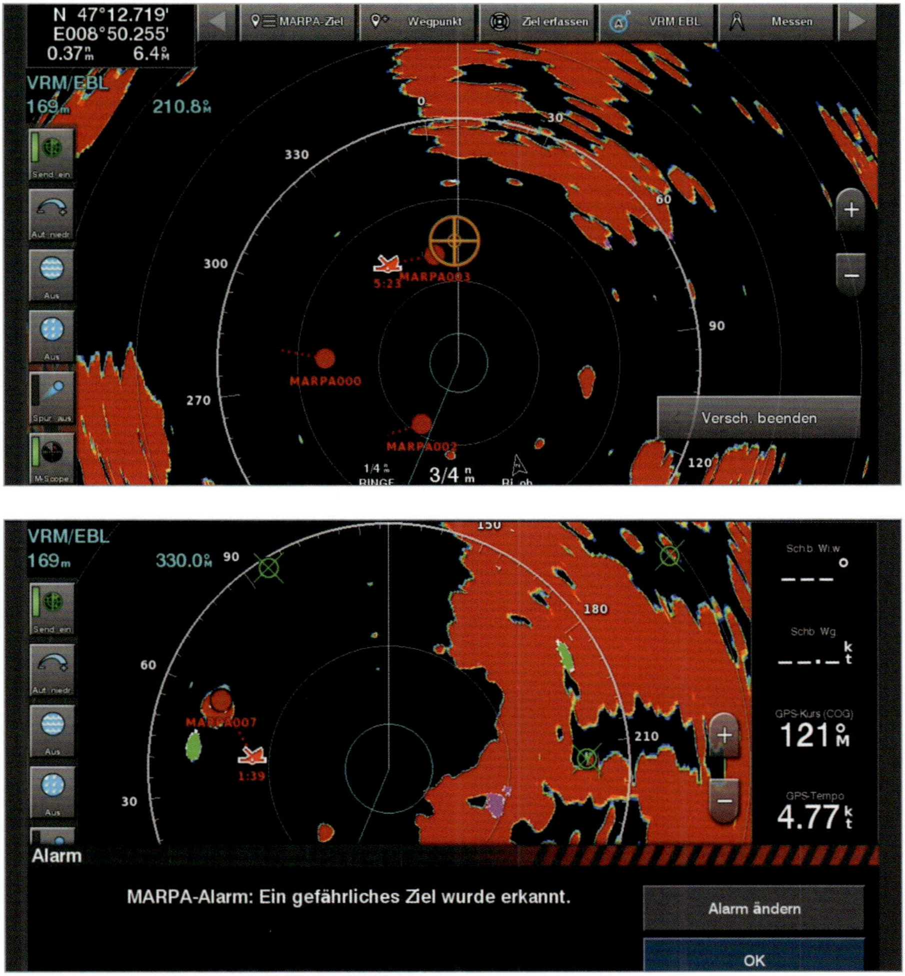

Radarechos können als Kontakte markiert und automatisch verfolgt werden. Kommt ein Kontakt zu nahe, so wird ein Alarm ausgelöst.

10.7.5 Radarüberlagerung

In der Vergangenheit (vor GPS & Co.) war das Radarbild eine wichtige Navigationshilfe zur Standortbestimmung. Damals war man bereits zufrieden, wenn man auf diese Weise Peilung und Abstand zu einem bekannten Objekt bestimmen konnte. Mit der Überlagerung des Radarbilds zur echten Position auf der Seekarte, entsteht eine völlig neue Dimension: nun hilft zum einen die Seekarte, das Radarbild besser zu verstehen und zum anderen ergänzt das Radar die Seekarte mit wichtigen Echtzeitinformationen. Man sieht z. B. auf einen Blick, in welche Richtung man am besten ausweichen kann, ohne auf Grund zu laufen und man kann einfach feststellen, dass die Position der Fahrwassertonne in der Karte nicht mehr mit der Realität übereinstimmt. Und auch hier bietet der Dual-Mode die Möglichkeit, Radar mit und ohne Seekarte und mit unterschiedlichen Reichweiten anzusehen.

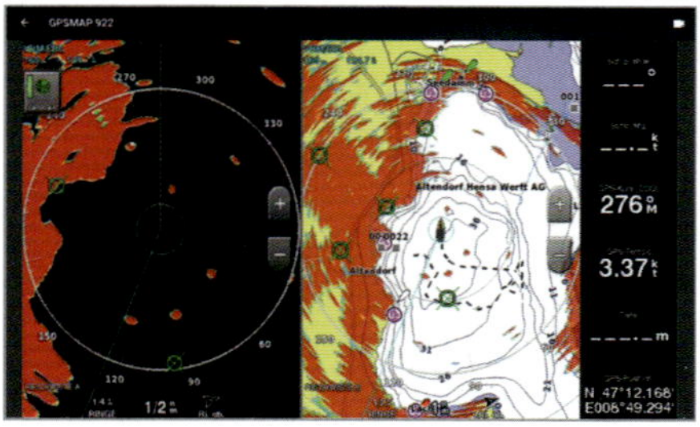

Die Überlagerung von Radarbild und Seekarte verbindet wichtige Informationen.

10.7.5 Fazit

Ein Radar ist ein wichtiges Hilfsmittel zur Navigationsunterstützung und zur Kollisionsvermeidung. Es setzt voraus, dass die Geräte brauchbare Informationen zur Verfügung stellen und dass der Skipper das Wissen und die Erfahrung hat, diese auch bei verminderter Sicht korrekt zu interpretieren.

Brauchbar bedeutete in der Vergangenheit: schwer, groß und teuer. Bei vielen kleineren Yachtgeräten musste man so viele Qualitätsabstriche machen, dass ich diese an Bord nicht einsetzen wollte. Nachdem bis vor wenigen Jahren das Magnetron-Radar die einzig verfügbare Lösung war, haben moderne Solid State Geräte mit Pulskompression ein wahres Innovationsfeuerwerk gezündet. Das Radom wiegt keine 8 kg und das Display fällt ebenfalls kaum ins Gewicht. Die Installation ist denkbar einfach. Selbst auf einem 9-Zoll-Display sind die Informationen gut auszuwerten und die Kombination mit einem wasserdichten 10-Zoll-Tablet hat sich bei mir an Bord als ideal erwiesen. Mit so einem System kann man ernsthafte Radarnavigation betreiben. Um auf den Ernstfall vorbereitet zu sein, liegt es an jedem Skipper, das System zur Übung regelmäßig bei guten Sichtbedingungen zu verwenden.

compass
MANUAL
ONLY

Epilog

Freitagnachmittag, der Seesack ist gepackt und es geht an Bord. Eine angenehme Brise weht und nur durch die Kraft des Windes bewegt sich das Boot mit Abendsonne von achtern. Der Pinnenpilot übernimmt die Rolle des Rudergängers und ich kann mich etwas zurücklehnen. Das Winterlager war intensiv und mit viel Arbeit verbunden. Eine innere Zufriedenheit verursacht ein leichtes Grinsen im Gesicht: so schlecht ist das Ergebnis gar nicht geworden.

Um es mit Antoine de Saint-Exupéry auszudrücken: *»Wenn Du ein Schiff bauen willst, dann trommle nicht Männer zusammen um Holz zu beschaffen, Aufgaben zu vergeben und die Arbeit einzuteilen, sondern lehre die Männer die Sehnsucht nach dem weiten, endlosen Meer.«*
[Die Stadt in der Wüste / Citadelle]

Auch wenn der Weg das Ziel ist, und das Selbermachen beim Refit eine hohe Befriedigung bereitet, so sind gemeinsame Reisen auf dem eigenen Kiel eine tolle Sache.

Ein großes Dankeschön an Maja, Timo und Britta sowie meinen sehr geschätzten Segelmeister Werner!

Die Reise im Licht der Abendsonne.

Die tapfere Crew, die viele Stunden gearbeitet hat, um der Sonne entgegensegeln zu können.

Stichwortverzeichnis

Weitere Titel unserer Praxiswissenreihe

Neu an Bord?
ISBN: 978-3-667-10172-3

Marcus Krall
Einfach Angeln von Bord
ISBN: 978-3-667-12355-8

Jens Feddern
E-Mobilität auf dem Wasser
ISBN: 978-3-667-12366-4

Jens Feddern
Theorie und Praxis der Bordelektrik
ISBN: 978-3-667-12384-8

Ralf Neumann
Bootskauf
ISBN: 978-3-667-12251-3

Erich Sondheim
Knoten - Spleissen – Takeln
ISBN: 978-3-667-12013-7

Rolf Dreyer
UKW-Funkbetriebszeugnis (SRC) und Sprechfunkzeugnis für die Binnenschifffahrt (UBI)
ISBN: 978-3-667-11508-9

Klaus Schlösser
UKW-Funkzeugnisse SRC und UBI
ISBN: 978-3-667-11955-1

Michael Sachweh
Wetterkunde für Wassersportler
ISBN: 978-3-667-11589-8

Paul Glatzel
Handbuch für Motorbootfahrer
ISBN: 978-3-667-11388-7

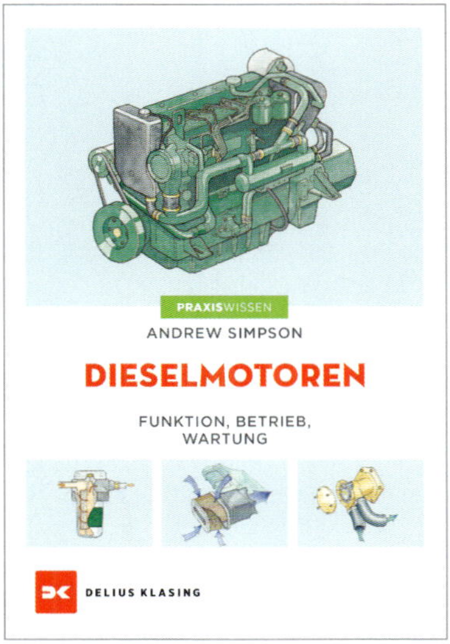

Andrew Simpson
Dieselmotoren
ISBN: 978-3-667-10397-0

Don Casey
Rumpf- und Decksreparaturen
ISBN: 978-3-667-10396-3

Von Jens Feddern bereits im Delius Klasing Verlag erschienen:
Theorie und Praxis der Bordelektrik, ISBN: 978-3-667-12384-8
E-Mobilität auf dem Wasser, ISBN: 978-3-667-12366-4

Bibliografische Information der Deutschen Nationalbibliothek
Die Deutsche Nationalbibliothek verzeichnet diese Publikation in der Deutschen Nationalbibliografie; detaillierte bibliografische Daten sind im Internet über http://dnb.dnb.de abrufbar.

1. Auflage
ISBN: 978-3-667-12758-7

Lektorat: Julia Knott
Coverfotos: oben: Getty Images/miracsaglam; unten: Timo Feddern (links), Jens Feddern (Mitte, rechts)
Titelrückseite: Timo Feddern (links), Jens Feddern (Mitte, rechts)
Bildquellen Innenseiten: Jens Feddern außer: Timo Feddern: Seiten 6, 12 (rechts), 53, 59 (rechts), 94, 97, 99, 103; Maja Feddern: Seiten 57, 58 (links); Delius Klasing Verlag: Seite 10; *PrimeSails*: Seiten 55, 56; *Edelstahl 2000*: Seite 65 (links); *SVB*: Seiten 65 (rechts) und 117; *Torqeedo*: Seite 80 (links); *ePropulsion*: Seite 80 (rechts); *EFOY*: Seiten 135 - 138, 140 (links); *Vetus*: Seite: 140 (rechts); Adobe Stock: Seiten 147 (oben), 158
Illustrationen: Jens Feddern
Layout, Umschlaggestaltung und Litho: Felix Kempf, www.fx68.de
Druck: Print Consult GmbH, München
Printed in Slovakia 2023

Delius Klasing Verlag GmbH
Siekerwall 21, D - 33602 Bielefeld
Tel.: 0521/559-0, Fax: 0521/559-115
E-Mail: info@delius-klasing.de
www.delius-klasing.de